GUIDE DU VOYAGEUR

DANS

RENNES ET SES ENVIRONS

PAR

M. Adolphe ORAIN.

2ᵐᵉ Édition.

Prix : 1 franc.

RENNES
CHEZ TOUS LES LIBRAIRES.

DU MÊME AUTEUR

Les Filles de la Nuit (poésies). — 1 vol. 1 fr. 25
(chez l'Auteur seulement).

A PARAITRE PROCHAINEMENT :

Portraits a la plume (biographies bretonnes).

A l'ombre des chênes (nouvelles).

Les filles du jour (poésies).

Sous la feuillée (histoire des oiseaux).

Les conseils de Pierre Barré, fermier à la Marzelière (agriculture et horticulture).

Redon. — L. Guillet, imp.-libraire.

GUIDE DU VOYAGEUR

DANS

RENNES ET SES ENVIRONS

GRAND HOTEL

Rue de la Monnaie, 17,

RENNES.

Le plus bel hôtel de la ville et le plus confortable.

SALON DE LECTURE

Journaux Français et Etrangers.

GRANDS ET PETITS APPARTEMENTS

AVEC SALONS.

On y parle l'Anglais, l'Italien et l'Allemand.

Les Omnibus de l'hôtel attendent les Voyageurs à tous les trains.

GUIDE DU VOYAGEUR

DANS

RENNES ET SES ENVIRONS

PAR

M. Adolphe ORAIN.

2me Edition.

RENNES
Chez tous les libraires.

1867

REDON. — L. GUILLET, IMPRIMEUR-LIBRAIRE.

GUIDE DU VOYAGEUR

DANS

RENNES ET SES ENVIRONS

CHAPITRE PREMIER

SITUATION. ASPECT GÉNÉRAL.

L'origine de la cité rennaise se perd dans la nuit des temps. Les recherches les plus minutieuses n'aboutissent qu'à faire connaître une chose : c'est qu'elle est une des plus vieilles villes gauloises.

Sa situation n'a pas toujours été la même : suivant M. de Robien, Rennes se trouvait située beaucoup plus au Nord, et s'étendait sur le coteau et la hauteur de la rivière d'Ille : elle était enfermée dans un mur qui se prolongeait entre l'église Saint-Martin et le pont Saint-Martin.

Ainsi donc, l'ancienne ville aurait été bâtie près de la rivière d'Ille et non de la Vilaine.

D'autres historiens prétendent, au contraire, que Rennes dut être, à l'époque gallo-romaine, groupée autour de l'emplacement où est bâtie la cathédrale actuelle. Ils se fondent sur la tradition qui rapporte qu'un temple élevé à Junon-Monète a existé en ce lieu. Cette tradition repose sur deux faits et une chonique. Le premier fait est l'existence d'objets d'art, d'un vase d'or et de médailles fort belles que l'on découvrit en démolissant une maison appartenant au Chapitre de Rennes, et qui se trouvait où est maintenant l'hôtel de Coniac. Le second fait est la découverte, à la même époque, d'une plaque en cuivre sur laquelle étaient des vers. Enfin la chronique est celle de Robert du Mont, selon lequel l'évêque Philippe, qui occupait en 1181 le siége de Rennes, aurait reconstruit le chevet de son église cathédrale à l'aide de sommes immenses qu'une révélation d'en haut lui aurait appris être enfouies en cet endroit.

Tout cela est très-vague et surtout très-légendaire.

Il en est de même des voies romaines qui ont existé jadis. Elles ont soulevé trop de discussions pour que nous essayions d'indiquer au lecteur où elles pouvaient se trouver.

Les fortifications de Rennes, rasées par Nominoé en 850, furent relevées on ne sait par qui. En 1382, le duc Jean IV fit réparer les vieux remparts de la cité ducale, qu'Henri IV fit démanteler en 1610. Ainsi va le monde.

Aujourd'hui l'on retrouve encore, en plusieurs endroits, quelques vestiges de ces fortifications, dont les principales portes étaient celles de Toussaints, de Villeblanche (Saint-Hellier), de Saint-Michel, de Saint-François, de Saint-Georges, et, enfin, les mieux conservées et les plus curieuses aujourd'hui, les Portes-Mordelaises.

Lorsque les murs cessèrent d'exister, la ville s'accrut de toutes parts et se confondit avec les faubourgs.

L'incendie de 1720, allumé, dit-on, par le régiment d'Auvergne, consuma la majeure partie de Rennes. Plus de 800 maisons devinrent la proie des flammes. Le désastre dura huit jours.

A partir de ce moment, tout changea d'aspect : les nouvelles habitations furent construites près de la Vilaine et s'élevèrent sur un plan régulier. Au lieu des chétives et sordides cabanes en bois, l'on vit surgir des constructions solides et élégantes. Le granit remplaça le bois, des rues remplacèrent les ruelles, une transformation complète s'opéra.

Depuis, lorsque les quais ont été faits, que de superbes lignes ont été tracées, que les antres fangeux et les culs-de-sacs abjects ont été détruits, Rennes a pris rang parmi les plus belles villes de France.

Le chef-lieu du département d'Ille-et-Vilaine compte aujourd'hui près de 50,000 âmes.

La Vilaine, qui le sépare en deux, coule de l'Est à l'Ouest et forme par conséquent deux rives.

La rive droite se trouve sur un coteau aspecté au Sud et forme la ville haute.

C'est le quartier aristocratique de Rennes. Le Palais-de-Justice, la Division, la Préfecture, l'Archevêché, la Banque, le Séminaire, l'Hôtel-Dieu, la Cathédrale, l'Ecole d'artillerie, la Mairie, le Théâtre, la Bibliothèque de la ville, les principales places, le Jardin-des-Plantes, la Prison, la Caserne de gendarmerie, le haut commerce, et enfin les plus belles promenades se trouvent de ce côté.

La rive gauche, qui au contraire forme la ville basse, est, comme à Paris, le quartier des écoles. L'Académie, les Facultés de droit, des lettres, des sciences, l'Ecole de Médecine, les Musées et le Lycée.

Chaque jour un marché aux légumes se tient autour de la Halle-au-Poisson ; le samedi, la Halle-aux-Blés est le rendez-vous des cultivateurs, et, le premier jour de chaque mois, une foire aux bestiaux a lieu sur le Champ-de-Mars.

La Gare, les Casernes d'artillerie, l'Arsenal, la Halle-aux-Toiles, l'Abattoir et l'usine à gaz sont également sur la rive gauche.

Rennes est sur le chemin de fer de Paris à Brest avec embranchements sur Saint-Malo, et Redon pour Quimper et Nantes.

L'aspect de la ville est superbe.

De jolies maisons sont alignées le long des quais et des grands percés qui se dirigent vers le centre. Les rues bien pavées, larges et spacieuses, avec de beaux trottoirs, sont bordées d'élégants magasins qui charment les regards.

Les places du Palais et de la Mairie sont vastes et magnifiques.

Le canal d'Ille-et-Rance, coulant du Nord au Sud, et la petite rivière d'Ille, pleine de sinuosités charmantes, entourent la partie occidentale de la ville haute. Plus bas, le Mail et l'avenue Napoléon III.

A l'Orient, le Jardin-des-Plantes, le Thabor, l'avenue de la Gare et le Champ-de-Mars.

L'eau, la verdure, les magnifiques avenues qui ombragent les promenades offrent aux voyageurs l'aspect le plus gracieux.

CHAPITRE II.

APERÇU HISTORIQUE.

Avant d'être sous la dépendance des Romains, la Bretagne faisait partie de la Celtique proprement dite. Son territoire était occupé par diverses peuplades ayant chacune leur cité.

Les Rhedones, — dont *Condate Rhedonum*, ou Rennes, était la capitale, — occupaient le centre Est de la contrée, au Sud, les Namnètes avec Nantes pour capitale ; à l'Ouest, les Venètes, qui ont donné leur nom à Vannes ; et au Nord, les Abrincatuens, habitants de l'Avranchin (Avranches).

Ces peuples étaient désignés sous le nom d'Armoricains, *Armorici*, nom celtique qui signifie habitants des bords de la mer.

Condate Rhedonum (Rennes) s'explique de la manière suivante : *Condate* est aussi un mot celtique qui veut dire confluent, fait bien justifié par la position de notre ville. Et enfin Rhedones, nom du pays, dont, par corruption, l'on a fait Rennes.

Les Rhedones eurent leur monnaie qu'ils frappèrent eux-mêmes et qui avait pour signe distinctif le cheval, emblême de leur habileté comme cavaliers.

A l'époque où remontent les menhirs et les dolmens épars dans nos champs, et qui étaient les monuments affectés au culte de ces peuplades, un lieutenant de César, Crassus, après une promenade militaire à travers l'Armorique, écrivit à son maître qu'elle était domptée et soumise aux Romains. Crassus se trompait. S'il n'avait pas trouvé d'ennemis à combattre, c'est qu'ils étaient occupés à organiser une ligue générale. En effet, lorsque César vint en personne, la conquête de ce pays lui coûta de longs et pénibles efforts. Néanmoins une soumission eut lieu, et quatre siècles s'écoulèrent avant que les habitants de ces contrées pussent trouver l'occasion de se venger.

La ville de Rhedones fut choisie par les vainqueurs comme poste favorable à leur occupation. Ces étrangers s'occupèrent immédiatement à construire des temples mythologiques et commencèrent par le temple dédié à Thétis ou Minerve, qui fut établi au lieu dit la Cité : celui de la déesse Isis où est maintenant la caserne Saint-Georges, et enfin le temple de Junon-Monète, dont il est question dans le chapitre précédent.

Les Celtes, eux, conservaient toujours une foi profonde pour les Druides et se cachaient au fond des bois et des déserts pour accomplir leurs cérémonies.

Mais le temps approchait pour l'indépendance de ces provinces.

En 383 de l'ère chrétienne, un guerrier fondit sur les Gaules à la tête de 30,000 soldats et parvint, sans secouer complètement le joug des Romains, à occuper l'Armorique. C'était Maxime, qui laissa dans notre pays un chef national nommé Conan, avec le titre de roi, auquel la reconnaissance populaire ajouta l'épithète de *Mériadec*, très-glorieux.

Ce chef devint la tige des rois bretons, et put, par son courage et son audace, en 410, proclamer l'indépendance de la péninsule armoricaine.

Rien de marquant ne se passa pendant les IVe, Ve, VIe et VIIe siècles.

Rennes a soutenu de nombreux siéges, dont le premier fut fait, en 843, par Charles-le-Chauve, qui se vit obligé d'abandonner son entreprise devant la résistance de Nominoé.

Le second (874) est toute une histoire que nous ne pouvons passer sous silence : Les deux meurtriers de Salomon, roi de Bretagne, se partagèrent le pays : Pasquiten eut le comté de Vannes et Gurvand le comté de Rennes. Un bon accord n'exista pas longtemps entre eux. Pasquiten, gendre de Salomon, poussé par l'ambition et voulant régner seul, appela à son secours une troupe de Normands. Les terres de Gurvand furent ravagées et les habitants effrayés prirent la fuite. Mille braves seulement consentirent à seconder l'intrépidité de leur maître et attaquèrent l'ennemi si vigoureusement qu'ils le chassèrent.

M. Marteville, dans son Histoire de Rennes, raconte que le courage chevaleresque de Gurvand doit être cher à la ville de Rennes. « Ce Combat, dit-il, — en parlant de celui que nous venons de relater, — qui eut lieu dans la campagne occupée par les faubourgs du nord et du couchant, c'est-à-dire entre les routes actuelles d'Antrain et de Saint-Malo, n'est pas son plus beau titre de gloire. Trois ans plus tard, Gurvand étant dangereusement malade, Pasquiten l'attaqua de nouveau. Après avoir essayé vainement de monter à cheval, il se fit mettre en litière et conduire à la tête de ses soldats, qu'il anima de ses paroles et soutint de ses conseils. L'armée de Pasquiten fut mise en déroute. Mais Gurvand, épuisé par les efforts qu'il avait faits, expira au milieu des siens qui célébraient la victoire. »

Après les guerres de Pasquiten et de Gurvand, Raoul, chef normand, ayant épousé la fille du roi de France, reçut en dot la souveraineté de la Bretagne. Lorsqu'il invita les comtes de Bretagne à venir lui rendre hommage, ceux-ci s'y refusèrent avec indignation et colère. C'est alors que Raoul, en 910, par des succès multipliés, obligea Béranger, comte de Rennes, à se soumettre à ses exigences. Cet acte de soumission déplut souverainement aux Bretons ; mais ils, étaient trop faibles alors pour résister à un ennemi aussi puissant. Plus tard, par exemple, ils bravèrent à la fois rois de France et ducs de Normandie, et ne consentirent pas à subir leurs prétentions injustes.

Quand Hoël II, duc de Bretagne, vint à mourir (1084), Alain IV, son fils, voulut prendre la couronne de Rennes, mais Geoffroi, son oncle, lui refusa l'entrée de la ville. Le jeune duc en fit le siége, la prit d'assaut, et Geoffroi n'eut que le temps de se déguiser et de fuir pour éviter la colère de son neveu. Malgré son départ précipité, il fut fait prisonnier dans son château de la Guerche et mourut deux ans après en exil, à Quimper.

En 1085, le jeune Alain épousa, à Caen, Constance, fille de Guillaume-le-Conquérant, roi d'Angleterre. Des fêtes et des réjouissances magnifiques eurent lieu à Rennes pour célébrer l'arrivée des époux.

Cette union ne fut pas de longue durée. La princesse mourut sans postérité, en 1090, et fut enterrée dans l'église Saint-Melaine.

C'est à ce moment que le duc partit pour aller faire une croisade en Terre-Sainte, accompagné d'un grand nombre de seigneurs bretons.

A son retour, trouvant son duché en désordre, il institua, à cette occasion, un siége de judicature à Rennes, et soumit à son tribunal tout le reste de la Bretagne, à l'exception du comté de Nantes.

Un premier incendie eut lieu en 1128.

Vingt ans plus tard, Conan, fils d'Alain, revint d'Angleterre pour détrôner le vicomte de Porhoët, connu sous le nom de Eudes II. Il échoua, et se vit obligé de retourner en Angleterre solliciter des secours. Il repassa la mer, revint à la charge, se rendit maître de Rennes et mit Eudes dans les fers.

En 1169, Geoffroi d'Angleterre, fils du roi Henri II, épousa Constance de Bretagne, fille du duc Conan IV, et s'empara de la couronne de son beau-père. Sous ce règne, Rennes fut encore mise à feu et à sang par les rois d'Angleterre et de France ; et, en 1185, Geoffroi porta cette fameuse loi du partage des fiefs de baronnie et de chevalerie entre aînés et cadets nobles. Cette ordonnance est encore appelée l'Assise du comte Geoffroi.

Pierre de Dreux, duc de Bretagne par son mariage avec Alix, héritière de ce duché, prit la couronne de Rennes (1213). Pierre de Fougères, ci-devant chancelier du duc Arthur, évêque du diocèse, fit la cérémonie du couronnement, que l'on trouve ainsi décrite dans le *Dictionnaire d'Ogée* :

« Les ducs se présentaient à la Porte-Mordelaise, et, avant d'entrer, ils juraient de conserver la foi catholique, de protéger l'Eglise de Bretagne, de défendre ses libertés, de gouverner sagement son peuple et de lui rendre une exacte justice. Ils entraient ensuite dans la ville et passaient le jour et la nuit devant l'autel de la cathédrale, jusqu'après les matines du lendemain. Après les vêpres et les complies, le prince se rendait à son logis et s'y reposait. Avant la grand'messe du jour suivant, on allait processionnellement le chercher. Il sortait de sa chambre à l'arrivée de la procession, et l'évêque, en habit pontifical, récitait les prières d'usage. Deux autres évêques, aussi en habit de chœur, se plaçaient à droite et à gauche du prince, et l'on retournait à l'église : les barons et le peuple le suivaient. On faisait deux stations, l'une à la porte de l'église, l'autre à l'entrée du chœur. A ce dernier endroit, on donnait à deux chanoines l'épée et le cercle ducal, et l'on entrait dans le chœur, que l'on avait eu soin d'orner magnifiquement. Le duc était conduit par les évêques jusqu'au maître-autel, où il se mettait à genoux sur son prie-Dieu. L'évêque de Rennes se plaçait à ses côtés sur un autre prie-Dieu, et commençait l'hymne *Veni Creator*, après laquelle on chantait les litanies des saints, et on demandait la bénédiction du ciel pour le duc.

« Pendant ces différentes prières, le plus ancien des chanoines, au côté droit de l'autel, tenait à la main l'épée nue, et un autre chanoine, au côté gauche, tenait le cercle ducal. Toutes les oraisons finies, le chanoine donnait l'épée à l'évêque, qui la bénissait et la présentait au duc, en lui disant à voix moyenne : On vous donne cette épée au nom de Monseigneur saint Pierre, comme on l'a donnée aux rois et ducs vos prédécesseurs, en signe de justice, pour défendre l'Église et le peuple qui vous est commis, en prince équitable. Dieu veuille que ce soit par cette manière que vous en puissiez rendre vrai compte au jour du jugement, au sauvement de vous et du dit peuple.

« Le prêtre lui ceignait ensuite l'épée et lui posait le cercle ducal sur la tête en disant : On vous baille, au nom du Dieu et de Monseigneur saint Pierre, ce cercle qui désigne que vous recevez votre puissance de Dieu le Tout-Puissant, puisqu'étant rond, il n'a ni fin ni commencement. Ce Dieu vous réserve une couronne plus belle dans le ciel, si vous remplissez vos devoirs, en contribuant par vos soins à l'exaltation de la foi et à la tranquilité de l'Eglise et de vos sujets. »

En même temps que les crimes, des guerres à outrances se continuèrent en Bretagne jusqu'en 1488.

Les faits les plus dignes de remarque furent l'assassinat du malheureux Arthur par Jean-sans-Terre ; en 1213, la lutte de Pierre de Dreux contre le haut clergé breton ; au XIVe siècle l'entrée solennelle de Jean V à Rennes ; et les batailles sanglantes de Charles de Blois et du duc de Lancastre, où Duguesclin se conduisit si vaillamment et eut son fameux duel avec Bembro.

Enfin, lorsque le dernier duc de Bretagne, François II, succomba après sa défaite de St-Aubin-du-Cormier (1488), les mariages d'Anne de Bretagne, sa fille, avec Charles VIII d'abord et Louis XII ensuite, assurèrent la paix et la tranquilité à notre pays. Rennes ne fut plus, c'est vrai, que la capitale d'une province, mais le siége du gouvernement de la Bretagne y resta ; les gouverneurs y résidèrent, et ce fut la ville où les États se réunirent le plus souvent.

Il ne nous est pas possible, dans un aussi petit espace,

de relater, même d'une manière succincte, tous les évènements du pays. Peut-être déjà avons-nous détaillé avec trop de complaisance les faits qui précèdent et allons nous être obligé de raconter trop brièvement ce qui nous reste à dire.

Lorsque les guerres de religion furent terminées, après l'abjuration d'Henri IV, les principaux ligueurs bretons se soumirent au parti royal et le duc de Mercœur lui-même demanda la paix. Sa fille épousa l'un des fils naturels du roi, le duc de Vendôme, qui fut nommé gouverneur du duché de Bretagne.

Le 8 mai 1598, Henri IV vint dans la commune de Chartres, à quelques lieues de Rennes, au manoir du Fontenai, demander l'hospitalité à Mme la maréchale de Brissac, et le lendemain il faisait son entrée à Rennes par la porte Toussaints.

Le maréchal de Brissac présenta au roi les clefs d'argent doré que portait Montbarot. « Voilà de belles clefs, dit Henri en les baisant, mais j'aime mieux encore les clefs des cœurs des habitants. »

Le deuxième jour, le roi alla chasser au château de la Prée-Vallais, — comme on écrivait alors, — et qui appartenait à la famille Tierry du Bois-Orcand. L'on montre encore le chêne sous lequel il s'est reposé.

Le 17 mai, Henri IV quitta Rennes et s'en alla par Vitré, laissant Sully baron de Romi, pour le représenter près des États.

Le premier programme révolutionnaire est parti de Rennes.

Dès le 22 décembre 1788, le Tiers-Etat avait formulé des plaintes contre la noblesse et demandé l'abolition des lettres de cachet, la suppression des prisons d'État, l'affranchissement des serfs et la liberté illimitée de la presse.

Les idées révolutionnaires fermentaient dans toutes les têtes.

Le café de l'Union, sur la place du Palais, était le rendez-vous de la jeunesse des écoles. Au milieu de la fumée de tabac se groupaient autour des tables des jeunes gens, à l'âme ardente et à l'œil brillant qui discutaient avec chaleur.

Bernadotte était là, qui, du talon de sa botte, voulait écraser le dernier des hobereaux, il ne songeait guère, dans un pareil moment, à devenir roi de Suède.

Moreau, le futur général de la République, était prévôt de l'Ecole de Droit et exerçait une influence très-grande sur les étudiants et les bourgeois.

Volney, l'auteur des *Ruines*, était le principal orateur, et publia quelque temps après, à Rennes, la *Sentinelle du Peuple*.

Omnes-Omnibus, autre étudiant, fut député près de la jeunesse nantaise pour aller chercher du secours après les combats qui eurent lieu, dans les rues, entre les jeunes gens et les nobles. Plus de 400 Nantais revinrent avec lui et avaient déjà dépassé Bain quand ils apprirent que la paix était faite. Ils continuèrent leur route cependant, mais entrèrent à Rennes sans armes.

Pendant les excès de la Révolution, au contraire, Rennes se conduisit avec sagesse : elle envoya sa fougueuse jeunesse défendre les frontières et fournit des bataillons d'élite aux armées républicaines.

Quand Carrier vint dans nos murs, il se trouva en présence d'un modeste tailleur que l'estime de ses concitoyens avait élevé à la dignité de maire. Leperdit, — c'était son nom, — combattit les actes injustes du conventionnel, et un jour que ce dernier, voulant sévir contre des prisonniers politiques, s'écria : « Point de ménagements ; ces gens-là sont hors la loi ! — Oui, mais ils ne sont pas hors l'humanité, » répondit Leperdit. Une autre fois, voulant intimider l'homme dont il ne pouvait vaincre la modération : « Je reviendrai avant peu, dit-il d'un ton menaçant. — Tu me retrouveras, citoyen, » répondit le maire avec le plus grand calme. De pareils traits suffisent pour faire connaître les sentiments et la valeur de l'homme dont le nom n'a cessé d'être entouré de reconnaissance et de vénération à Rennes. Un tombeau lui a été élevé au cimetière, une rue porte son nom, et son buste est dans la salle des délibérations du Conseil Municipal.

Plus tard, comme chacun sait, Rennes devint le centre des opérations les plus importantes de l'armée républicaine contre les Vendéens. Kléber, Marceau, Marigny et Westermann s'y réunirent avec les commissaires de la Convention. Le général Hoche y fit aussi une apparition, pendant laquelle une tentative d'assassinat fut dirigée contre lui.

Il ne nous reste plus qu'un fait historique à consigner. C'est le séjour, à Rennes, en 1858, de l'empereur Napoléon III et de notre auguste Impératrice.

Le passage de nos souverains a valu à notre ville un magnifique boulevard, des améliorations de toutes sortes et de superbes cadeaux. Rennes est fière d'un pareil honneur, et fière aussi d'avoir inspiré au chef de l'Etat l'un de ses plus beaux discours.

Rennes a vu naître : les jurisconsultes Noël Dufait, P. Hévin, Bertrand d'Argentré, Poullain-Duparc ; les avocats Anneix de Souvenel, surnommé le Cochin de la Bretagne ; J.-B. Gerbier et le procureur-général La Chalotais ; les historiens Alain Bouchard, dom Lobineau et la Bletterie ; les savants littérateurs Saint-Foix, Tournemine et Quérard ; le poëte Ginguené et le célèbre critique Geoffroi.

CHAPITRE III.

MONUMENTS.

1° PALAIS-DE-JUSTICE. — De tous les monuments de Rennes, le Palais-de-Justice est le plus important et le plus remarquable. Commencé en 1618, il ne fut terminé qu'en 1654. A cette époque, le Parlement, qui tenait ses séances aux Cordeliers, y fit son entrée le 11 janvier 1655. Les États, qui se réunissaient également dans la salle des Cordeliers, y restèrent, car le Palais fut exclusivement réservé aux séances du Parlement.

Bien que cet édifice n'ait qu'un étage, son architecture toscane est aussi sévère que majestueuse. Sa façade a 48 m. de longueur, et il est encadré par une vaste place formée de constructions du même style.

Jacques Desbrosses en avait fait les dessins, mais l'exécution en fut confiée à l'architecte Courmeau, qui nécessairement y apporta quelques modifications. Cependant la façade a été religieusement exécutée sur les dessins de Desbrosses.

Avant l'incendie de 1720, on montait au Palais par un grand perron extérieur, auquel répondait la principale porte-fenêtre de la grande salle dite aujourd'hui des Pas-Perdus, et à cette époque *salle des Procureurs*. Après l'incendie, cet escalier fut placé intérieurement.

Devant le Palais, des deux côtés des gradins, quatre statues représentent le sénéchal d'Argentré, le juriconsulte Toullier, le procureur-général de La Chalotais et l'avocat Gerbier.

Les sommes versées par la ville de Rennes pour l'érection de ce monument s'élevèrent à plus de 2,350,000 livres, sans compter les charrois, qui furent presque tous faits par corvées. Aussi le Palais-de-Justice n'est pas seulement un splendide édifice, son intérieur est aussi orné avec un luxe et une magnificence dignes de Versailles et de Fontainebleau. Partout l'or recouvre les sculptures fouillées dans le chêne, et les plus riches peintures ornent les lambris.

L'on admire d'abord les vastes dimensions de la salle des Pas-Perdus et les sept grandes fenêtres qui l'éclairent. Malheureusement, de récentes restaurations n'ont pas été heureuses. La porte principale, qui remonte à 1726, est décorée de belles boiseries et d'un bas-relief représentant la Force et la Justice. Au-dessus est la Religion, œuvre consciencieuse de notre contemporain M. Barré.

Les autres salles ont été décorées par Jouvenet, Coypel, Erard et Ferdinand.

Jouvenet a peint la *Religion* tenant d'une main un calice et de l'autre le feu divin ; la *Justice*, appuyée sur la religion tient la balance et la main de Justice. A droite de la Religion sont l'*Autorité* et la *Vérité* ; à sa gauche sont la *Raison* et l'*Éloquence*. Au-dessous de la Raison, des Génies publient les décrets de la Justice. Au bas du tableau, la *Force*, par ordre de la Justice, chasse l'*Impiété*, la *Discorde*, la *Fourberie* et l'*Ignorance*. La *Fourberie* tient à la main le masque qui lui a été arraché ; sa figure est affreuse. Après cela, des ovales représentent l'*Étude*, les *Connaissances*, l'*Équité*, et la *Piété*.

Coypel, dans une autre chambre, a peint la *Religion* tenant ouvert le livre de loi, et de la main droite montrant la *Force*. Au-dessous, la *Justice*, l'*Injustice*, la *Fourberie* et le *Plaideur de bonne foi*. Les ovales représentent la *Vérité*, la *Religion*, *Pomone* et la *Loi*.

Le plafond de la grande chambre, également de Coypel, mérite de fixer l'attention. Au centre est un énorme tableau au sommet duquel est la *Justice*, représentée par une femme assise sur un trône ; près d'elle est un génie portant un glaive et sa balance. La Justice tend la main gauche à une femme qui, vêtue de blanc, représente l'*Innocence*. A droite, la *Force* s'appuie sur un lion ; à gauche, la *Sagesse*, sous la figure de Minerve, chasse les mauvaises passions. Aux quatre coins de la salle sont quatre ovales : la *Justice* la *Fraude*, la *Sincérité*, la *Foi du serment*.

Toutes ces peintures sont autant de chefs-d'œuvre.

Celles de Ferdinand (1706) sont bien conservées, mais ne peuvent être comparées aux autres.

Quant aux peintures d'Erard, qui datent de 1670, elles ont été restaurées par les pinceaux habiles de MM. Gosse, Boudet et Pourchet, et peuvent prendre rang à côté des œuvres de Coypel et de Jouvenet. C'est un plafond composé de cinq tableaux et représentant la *Justice,* la *Renommée,* la *Foi,* l'*Espérance,* la *Charité,* la *Paix,* l'*Éloquence,* la *Clémence* et l'*Histoire.*

Enfin, la Cour-d'Assises, d'une décoration extrêmement sévère, est sans dorures ni peintures, et consiste uniquement en sculptures sur bois du plus grand style.

La Cour Impériale, le tribunal de première instance, le tribunal de commerce et les archives départementales occupent présentement le palais de l'ancien Parlement de Bretagne.

2º CATHÉDRALE. — Une cathédrale, sous forme romane, existait déjà à Rennes vers le ve siècle.

En 1180, l'évêque Philippe construisit sur l'emplacement actuel une nouvelle cathédrale, qui ne fut terminée qu'en 1359 par son successeur Pierre de Guémené. C'est là, qu'en 1362 Charles de Blois apporta pieds-nus les reliques de saint Yves. Il y fit bâtir aussi une chapelle en l'honneur des saints Salomon et Judicaël, rois de Bretagne; des saints martyrs Donatien et Rogatien frères, et de saint Yves. Il donna, en outre, à la cathédrale des tapisseries d'Arras et plusieurs ornements d'un très-grand prix.

Mais, dès cette époque, ce monument était dans un état de vétusté qui inspirait des craintes. Peu à peu la tour et le frontispice tombèrent en ruine, et, en 1490, il fallut les démolir complètement.

A quelque temps de là, Anne de Bretagne, sollicitée par l'évêque Yves de Mayeuc, — qui voulut contribuer à cette œuvre de ses propres deniers, — accorda sa royale protection à la cathédrale de Rennes, et consentit à poser la première pierre des tours qui existent aujourd'hui et qui ne furent achevées qu'en 1700. Le reste des constructions date de la fin du xviiie siècle et du commencement du xixe. C'est à partir de 1811 surtout qu'elles avancèrent rapidement, grâce au don de 500,000 fr. fait par Napoléon Ier. Voici à quelle occasion : Le cardinal Fech, oncle de Napoléon, vint à Rennes, et ne put voir sans regret les tours de la duchesse Anne veuves de leur église et attendant en vain un nouvel édifice. Il en parla à l'Empereur, et bientôt après parut le décret suivant qui mérite d'être cité : Voulant, dit l'Empereur, donner une preuve de l'intérêt que nous portons aux habitans de notre bonne ville de Rennes, et voulant ne pas laisser imparfaite leur église cathédrale, nous avons décrété et décrétons ce qui suit :

« Art. 1er — L'église cathédrale de Rennes sera achevée.

« Art. 2. — Une somme de 500,000 fr. est mise, à cet effet, à la disposition de notre ministre des cultes. Cette somme sera payée en cinq ans, à partir de 1811. »

La cathédrale, sous le vocable de Saint-Pierre, offre un mélange bizarre d'architecture qui ne peut s'expliquer que par l'extrême lenteur apportée à sa construction.

Le portail en granit, surmonté des deux tours, n'a pas moins de 120 pieds d'élévation. Les quatre étages dont chaque tour se compose sont d'ordres différents : Le rez-de-chaussé, toscan mêlé de gothique et de renaissance ; 1er étage, ionique ; 2e étage, corrinthien ; 3e étage, composite ; 4e étage, dorique ; couronné par une balustrade octogonale à jour. L'intérieur, qui rappelle en petit celui du Panthéon, se termine par une rotonde que supportent trente-huit colonnes d'ordre ionique, lesquelles se prolongent dans toute l'étendue de la nef.

Malgré le défaut d'harmonie, au premier moment cet édifice séduit encore par son éclat

3º SAINT-MELAINE (Notre-Dame). Sans quitter les édifices diocésains, si nous suivons l'ordre chronologique, nous trouvons l'abaye de Saint-Melaine, fondé en l'an 470 par l'évêque de ce nom, qui fut pendant toute sa vie le protecteur de la Bretagne près du roi frank Clovis.

Il existe une légende assez curieuse sur Saint Melaine. Ce saint personnage, — qui, paraît-il, est né à Brain, dans l'arrondissement de Redon, vit sa réputation d'homme pieux, chaste et instruit, s'étendre rapidement. Ce fut au point que Clovis l'attacha à sa personne et l'appela dans ses conseils. Saint-Melaine, étant à Brain où il avait fondé un monastère, fut supplié par le roi vannetais Eusèbe de sauver sa fille Aspasie, dont le démon s'était emparé, en punition des cruautés dont lui-même s'était rendu coupable. Saint Melaine guérit le prince d'une cruelle maladie, et, malgré la résistance du démon, le chassa du corps d'Aspasie. Après ce miracle, il revint à Rennes.

C'est alors qu'il fonda l'abbaye dont nous nous occupons, et dans laquelle il mourut en 531. Il y fut inhumé; mais au ixe siècle les Normands envahirent la Bretagne, et ses reliques furent transportées au monastère de Preuilly, en Tourraine. C'est l'abbé Even ou Yven qui obtint de Gervais, archevêque de Reims, que les reliques lui fussent rendues.

Détruites par un incendie, l'abbaye et son église furent relevées au viie siècle par Salomon II, qui y fut inhumé à son tour en 690.

Quand Alain III fonda Saint-Georges (1028 ou 1032), il abandonna à saint Melaine la dîme de la monnaie frappée à Rennes, et Geoffroi-le-Bâtard, comte de Rennes, rétablit complètement ce monastère.

En 1356, et pendant tout le siège de Rennes, l'abbé Jean-le-Bart, pour éviter d'être pillé par les partis qui couraient la campagne, fit l'acquisition d'une petite maison, rue du Four-du-Chapitre, et s'y retira avec ses religieux. La messe était célébrée dans une petite chapelle dite « St-Melaine-le-Petit. »

En 1663, les bâtiments qui avaient été relevés par l'abbé Noël du Margat (1516) devinrent la proie des flammes et disparurent à peu près en entier. L'église seule fut épargnée.

Après cet incendie, l'évêché actuel fut reconstruit par

l'abbé Destrades, qui fit aussi restaurer la tour de l'église. Le portrait de cet abbé est en ce moment à l'hospice Saint-Melaine, dans le réfectoire des vieillards.

Comme tous les établissements d'origine féodale, Saint-Melaine jouissait de plusieurs droits féodaux. Ces droits consistaient dans la foire de l'abbaye et la quintaine. La foire, appelée foire aux oignons, se tenait près la chapelle Saint-Just, en un champ dit le Champ-de-Foire. Les religieux avaient droit de coutume sur toutes les denrées et marchandises vendues dans les neuf paroisses de Rennes, huit jours avant et huit jours après cette foire. Ce droit leur fut reconnu par François, duc de Bretagne.

La quintaine consistait jadis dans un poteau enfoncé en terre, sur lequel on posait une statue de chevalier armé d'une masse et d'un écu. La statue tournait sur un pivot, et les chevaliers courant quintaine devaient frapper sur l'écu sans que la masse d'armes leur rendît le coup. La quintaine de Saint-Melaine n'était plus cela : *Le jour de la foire aux oignons*, tous les mariés de l'année, dans le fief de l'abbaye, se présentaient à cheval au poteau de quintaine, situé dans la ruelle de la Palestine, juste vis-à-vis le terrain où se trouve à l'heure qu'il est la prison départementale, et l'appel des mariés était fait. Ceux qui ne répondaient pas payaient 3 liv. d'amende ; les autres prenaient champ et passaient devant la quintaine, cherchant à engager dans une fente qu'elle présentait au milieu, une *gaule* de bois blanc qu'on leur donnait. Il y avait un prix pour les vainqueurs. Ceux qui ne voulaient pas être acteurs payaient 3 livres.

La Révolution ruina les religieux. Ils quittèrent leur retraite, qui est devenue la propriété des hospices. M. Meslé a découvert, il y a une vingtaine d'années, en faisant effectuer divers changements, les tombes des abbés Jean Rouxel, mort en 1402, et de Pierre de la Morinais, mort en 1422.

L'église Saint-Melaine — où beaucoup de princes bretons ont été inhumés — offre encore de nos jours une étude attrayante au yeux de l'archéologue.

L'intérieur de la tour, dans sa partie basse, a conservé le style romain. L'église, dépourvue de voûtes, qui sont remplacées par de simples lambris de bois, renferme des variétés de styles innombrables. Il y en a pour tous les goûts, depuis le xie siècle jusqu'au xviie. Elle devint cathédrale, sous le vocable de Saint-Pierre, lors du rétablissement du culte, en 95, et n'a perdu ce titre que lorsque Saint-Pierre a recouvré l'office canonial, dont il avait été dépouillé en 1754. Aujourd'hui, elle est paroisse curiale, sous le nom de Notre-Dame en Saint-Melaine.

L'ancien jardin de l'abbaye est devenu la promenade du Thabor, et celui de l'évêque le Jardin-des-Plantes.

4° PALAIS ARCHIÉPISCOPAL. — Ce monument a été construit en 1672 par l'abbé Destrades, ainsi que nous l'avons déjà dit plus haut. C'est l'ancien palais abbatial de Saint-Melaine, d'une architecture sévère, parfaitement en harmonie avec sa destination.

Il existe à l'intérieur une galerie immense qui sert aux assemblées générales. Cette galerie est remarquable par ses vastes dimensions, et surtout par le bon goût de Mgr l'Archevêque, qui l'a décorée de tableaux magnifiques et d'objets d'arts de toutes sortes.

Deux grands perrons, attenant à la façade principale, donnent accès dans un délicieux jardin, où les oiseaux chantent dans les nombreux bosquets qui l'ombragent. C'est assurément l'un des plus beaux jardins de la ville.

5° CHAPELLE DES MISSIONNAIRES. — En quittant les édifices qui précèdent, l'on passe, à l'entrée de la rue de Fougères, devant la petite chapelle des Missionnaires. Disons bien vite deux mots de cette construction toute moderne, œuvre de M. Mellet, architecte. C'est un style gothique des plus fantaisistes. Sur l'alcide à trois pans s'élance une petite flèche découpée à jour. La porte d'entrée sur la façade est richement ornée, et l'intérieur est éclairé par neuf fenêtres en ogives, décorées de vitraux peints. La situation n'est pas avantageuse, et l'alignement de la rue a imposé une regrettable obliquité.

6° SAINT-GEORGES. — Après Saint-Melaine, l'abbaye la plus importante et la plus digne de remarque fut sans contredit celle de Saint-Georges. C'est cet immense monument que l'on aperçoit devant soi avant d'entrer à Rennes en sortant de la gare, et qui porte sur sa façade en grandes lettres de fer : « *Madeleine de la Fayette.* »

Située sur la rive droite de la Vilaine, cette abbaye fut fondée par le duc Alain III pour sa sœur Adèle en 1018, 1028 ou 1032. L'on n'a jamais bien su la date exacte. Cette première abbesse n'admettait près d'elle que les filles des plus nobles maisons de Bretagne.

L'église, dont le dessin se trouve dans la *Bretagne Pittoresque*, fut en partie écrasée en 1721 par la chûte de la tour. Puis peu à peu, elle a disparu de 89 à 1816.

Les dépendances de Saint-Georges s'étendaient fort loin : la rue Saint-Georges, la rue de Corbin et la rue des Violiers ont été construites sur des terrains appartenant à l'abbaye; et pendant la fin du xviie siècle et au commencement du xviiie, les habitants ont payé un droit féodal appelé droit de chevauchée. Outre ces rues, les vignes attenantes à l'abbaye s'étendaient jusqu'à l'emplacement où se trouve aujourd'hui la jolie habitation de M. Richelot, rue de Belair. Les jardins du Mail-d'Onge, les prairies Saint-Georges, le moulin de Saint-Hellier, celui de la Poissonnerie (abattu pour les quais en 1844); servaient à l'entretien des religieuses de Saint-Georges, ainsi que le poisson de la Vilaine. Ce droit de pêche a été racheté par la ville. La promenade de la Motte, elle-même, faisait partie des dépendances du monastère, et a conservé longtemps, par tradition, le nom de *Motte-à-Madame.*

Avant Saint-Georges, il existait sur cet emplacement une paroisse fort ancienne apparemment, et qui portait le nom de Saint-Pierre-du-Marché (Saint-Pierre-dou-Marcheil). Alain III la soumit à l'abbaye, et voulut qu'un droit d'un pot par tonne fût perçu sur le vin vendu dans le cimetière de cette église au profit des Dames de Saint-Georges. L'histoire raconte que deux frères ayant voulu se soustraire à cette redevance, l'abbesse Adèle se fit rendre justice par son neveu Conan.

Voici du reste, les principaux droits féodaux de cette abbaye : Lors de la foire de la Mi-carême, elle prélevait : 1º un droit de bouteillage sur tous les débitants ; 2º un droit d'aulnage sur les draperies étalées à la cohue (halle) ; 3º huit jours avant et huit jours après cette foire, elle avait le droit de coutume, et 4º enfin, le jour même de la foire, elle avait connaissance par ses officiers de tous les délits qui se commettaient par la ville.

Le droit de chevauchée, dont il est parlé plus haut, consistait en ceci : tous les mariés de l'année, dépendant de l'abbaye, étaient tenus, le jour de la Mi-carême, de parcourir à cheval le champ de foire, en criant : « Gare la chevauchée de Madame l'abbesse ! » et renversaient sur leur chemin toutes les petites boutiques des marchands qui ne s'étaient pas retirés assez promptement. Les nouvelles mariées, à leur tour, chaque premier dimanche de Carême, se rendaient à Saint-Hellier, et là elles devaient, en présence de la foule accourue, sauter par dessus une pierre d'environ un pied de haut, en chantant :

> Je suis mariée,
> Vous le savez bien ;
> Si je suis heureuse,
> Vous n'en savez rien.

Celles qui ne voulaient pas se donner en spectacle payaient une amende de 3 livres.

Les chanoines de la cathédrale étaient obligés, le mardi de Pâques, d'aller chanter une grand'messe à l'abbaye, et, au sortir de l'office, les religieuses leur servaient de la *bouillie urcée* (brûlée), dont chaque chanoine devait manger une part et en emporter un large plat processionnellement.

L'on venait à Saint-Georges faire des neuvaines pour une maladie appelée « le mal de M{sr} Saint-Georges. » Les malades qui mouraient pendant la neuvaine étaient enterrés dans le cimetière des martyrs, contigu à celui des nonnes.

De l'immense abbaye de Saint-Georges, il ne reste plus, de nos jours, que les édifices restaurés, en 1670, par Madeleine de Lafayette, bâtiments qui sont encore assez vastes pour contenir un escadron complet du train d'artillerie, et, au besoin, tout un bataillon d'infanterie.

7° SAINT-CYR. — Le prieuré de Saint-Cyr, à l'extrémité du faubourg l'Evêque, sur le côteau même de Saint-Cyr, fut également fondé par le duc Alain III, en l'an 1037, pour quelques moines à prendre dans l'abbaye de Saint-Julien de Tours.

En 1597, Antoinette d'Orléans de Longueville en fit une congrégation pour les Calvairiennes de Saint-Cyr, qui étaient une réforme de l'Ordre de Saint-Benoit.

Cette communauté, au XVIIe siècle, prit le parti des Jansénistes et partagea la résistance de la supérieure générale, Marguérite-Françoise de Coëtquen. Bien que cette dernière mourut en exil, l'opposition des sœurs de Saint-Cyr ne cessa pas pour cela, et le roi se vit obligé, en 1746, de faire délivrer des lettres de cachet contre quatorze d'entre elles qui furent tranférées à Tours et à Loudun.

Comme toutes les communautés, Saint-Cyr fut affecté, en 1792, aux services militaires, et servit même, plus tard, de lieu de dépôt pour les prisonniers de guerre anglais.

Le 3 février 1811, le gouvernement en fit un refuge pour les femmes de mœurs dépravées, et, en 1812, une congrégation de religieuses se voua à l'administration de cette maison.

En 1821, d'autres religieuses s'y installèrent pour recevoir, garder et améliorer les filles dites repenties. Depuis cette époque, Saint-Cyr n'a point changé de destination, et sert d'asile aux malheureuses jeunes filles que leur inconduite a fait repousser de la société.

La promenade du Mail, qui y conduisait jadis directement, fut créée, en 1675, par le duc de Chaulnes.

8º L'Arsenal. — L'Arsenal occupe les immenses bâtiments construits, en 1563, pour l'hospice de la santé. Ce bel hospice fut cédé à l'Etat, par la ville de Rennes, en 1793. C'est bien certainement, dans son genre, l'un des plus importants établissements de l'empire. De nouveaux bâtiments, commencés en 1844 et terminés en 1846, ont été élevés pour les ateliers des forgerons et des serruriers, pour les ouvriers en bois et pour des magasins de toute espèce ; d'autres pour des salles d'armes, pour le logement du concierge et du comptable, pour les approvisionnements considérables en matériel d'artillerie, et pour la construction des affûts et accessoires nécessaires à la défense du littoral.

L'Arsenal s'étend jusqu'à l'avenue Napoléon III, et touche, par conséquent, la nouvelle et superbe caserne d'artillerie qui s'élève en ce moment.

L'infanterie attachée à cet établissement se trouve logée dans les bâtiments de l'ancien hôpital.

Pour visiter l'Arsenal, il faut s'adresser au colonel directeur ou au commandant sous-directeur.

9° LE COLOMBIER. — La maison du Colombier fut fondée en 1634 par les Visitandines. Des bâtiments de cette époque, il ne reste aucune trace aujourd'hui. Cinq millions ont été dépensés par l'Etat et la ville pour construire une caserne, l'une des plus remarquables de France.

En 1820, on eut d'abord l'idée d'en faire une maison centrale pour hommes et pour femmes ; mais Rennes s'imposa d'immenses sacrifices pour l'ériger en caserne, dans la crainte, d'abord, de perdre le régiment d'artillerie, et ensuite pour délivrer la ville des 1,500 détenus qui devaient l'habiter.

Le 23 juin 1833, la remise de cet immeuble fut faite au génie militaire.

Les écuries de cette caserne sont construites dans toutes les règles prescrites par la science hippique. Le manège extrêmement vaste est surmonté d'une charpente vraiment digne de remarque.

Le Colombier est situé sur le Champ-de-Mars même, à l'Ouest. Pour le voir, il faut en demander la permission au maréchal-des-logis de planton, au capitaine de semaine, ou bien encore au capitaine adjudant-major de service.

10º Kergus. — La caserne de ce nom, située au nord-est du Champ-de-Mars, avec son entrée par la rue Saint-Thomas, occupe l'ancien hôtel qui fut élevé, en 1748, pour y faire l'éducation gratuite des gentilshommes pauvres de la province de Bretagne. Son nom lui vient de l'abbé Kergus, qui en fut le premier directeur.

11º Hopital militaire. — L'hôpital militaire est un magnifique monument qui se trouve au haut de la rue

Saint-Louis, sur le sommet d'un coteau, près de l'église Saint-Aubin. La façade de cet édifice attire les regards par sa régularité et sa belle disposition. Cet établissement fut construit, vers 1750, pour servir de grand séminaire. Pendant la Révolution, il fut détourné de sa véritable destination et devint l'hôpital militaire de nos jours.

12º ÉCOLE D'ARTILLERIE. — Cette École, où loge le général commandant, est située près la place Saint-Pierre, dans l'ancien hôtel de la Commission intermédiaire des Etats de Bretagne. Jadis cet hôtel était contigu, d'un côté à la chapelle de *Notre-Dame-de-la-Cité,* la plus ancienne église de Rennes, et de l'autre à la chapelle Saint-Martin, dont les murs sont encore apparents aujourd'hui.

Le *Polygone,* à 2 kilomètres de la ville, sur la route de Redon, dépend de cette école. Il est armé de batteries de siége, de mortiers, d'obusiers, et pourvu de buttes convenables pour le tir à boulet et à la carabine

13º BON-PASTEUR. — La caserne du Bon-Pasteur est l'ancien couvent des filles repenties. Ce couvent, qui remonte à 1750, avait déjà eu, vers 1718, sur les lieux mêmes, une fondation analogue créée par la veuve Puguen. Les malheureuses qui venaient y chercher un refuge n'étaient soumises à aucun vœu et pouvaient rentrer dans le monde chaque fois qu'elles le désiraient. On les faisait travailler aux ouvrages de leur sexe et ce qu'elles gagnaient suffisait à leur entretien.

Après la Révolution, le Bon-Pasteur fut affecté au service de la guerre, excepté sous la Terreur, où il servit de prison aux femmes qu'une politique cruelle tenait sous le coup d'une menace de mort.

Située près la Motte, à côté de la Préfecture et de l'hôtel de M. le trésorier-payeur-général, ces bâtiments servent à loger des soldats d'infanterie, et le conseil de guerre y tient ses séances.

14º HÔTEL-DIEU. — Le nouvel Hôtel-Dieu n'existe que depuis quelques années. Elevé au nord de la ville, sur les terrains de la Cochardière, par les soins et le talent de M. Tourneux, architecte, il offre tout ce qu'un établissement de ce genre peut réclamer. Sa situation est excellente, et sa distribution intérieure ne laisse rien à désirer. Il a remplacé l'ancien hôpital Saint-Yves fondé en 1358, et dont les bâtiments viennent d'être démolis.

15º L'HÔPITAL-GÉNÉRAL, dont nous avons déjà dit deux mots à l'article Saint-Melaine, est contigu à l'église *Notre-*

Dame. Cet établissement est affecté particulièrement aux vieillard. Les femmes occupent le bâtiment des *Catherinettes*, construit en 1656 pour les religieuses de ce nom, qui furent expulsées en 1768 comme atteintes de jansénisme.

L'Hospice-Général peut contenir 500 vieillards et orphelins des deux sexes. Il est aussi chargé par l'Aministration des hospices d'accueillir et d'envoyer en nourrice les enfants assistés du département d'Ille-et-Vilaine.

16º LES INCURABLES, situés sur les Levées de la Santé, faisaient jadis partie de l'immense hospice de la Santé, dont nous avons parlé en décrivant l'Arsenal.

De 1560 à 1563, la peste fit tellement de ravages à Rennes, que la ville se vit forcée de construire un hospice pour y mettre ses malades. Malgré cela, la peste continua à sévir jusqu'à 1643.

Enfin, lorsque la maladie disparut complètement, les mendiants de Rennes furent invités à porter leurs meubles et ustensiles dans les maisons de la Santé et de s'y établir, pour vivre à l'aide du droit d'octroi concédé à la ville en 1597 pour nourrir les pauvres incapables de travailler.

Aujourd'hui, cet hospice sert d'asile aux indigents de tout âge atteints de maladies incurables.

17º SAINT-MÉEN. — L'histoire de l'asile d'aliénés de

Saint-Méen, — sur la route de Paris, à deux kilomètres de Rennes, — a été faite d'une manière admirable par l'ancien directeur de cet établissement, M. Le Menant des Chesnais.

L'origine de l'hôpital du Tertre-de-Joué ou de Saint-Méen remonte à 1653. Ce fut un digne prêtre, Guillaume Régnier, sieur du Tertre de Joué, qui abandonna sa maison pour en faire un hospice destiné à soigner les malades voulant se faire traiter de la maladie dite le *Mal-Saint-Méen*.

Aujourd'hui Saint-Méen, que l'on reconstruit d'une façon vaste et grandiose, est exclusivement consacré au traitement des maladies mentales.

18° ÉGLISES ET PAROISSES. — Les paroisses de Rennes, qui, selon les uns, remontent au v° siècle et selon d'autres au xi° seulement, vont être décrites ici par rang d'ancienneté.

« En 1415, un usage ancien avait déjà lieu. Le lundi de la Pentecôte, les *neuf rectours* venaient « en procession solennelle, o *les croix et bannières*, avec leur peuple » à l'église cathédrale pour y déposer le « denier du Saint-Esprit », contribution volontaire répondant à 1 s. par feu de chaque paroisse. — Les « *neuf rectours* » étaient aussi tenus d'assister à toutes les processions solennelles où figurait le Chapitre, notamment à celles des Rogations, dans lesquelles, chacun à son tour, et deux à deux, ils portaient la châsse de Saint Goulven, dont les reliques étaient conservées à Saint-Pierre. Enfin, ils étaient dans l'obligation d'assister chaque samedi aux Vêpres de la cathédrale, aux Matines du dimanche jusqu'au *Te Deum*, et aux processions qui précédaient la grand'messe. »

Saint-Martin. — Sans aucune espèce de doute, la plus ancienne église de Rennes, après *Notre-Dame-de-la-Cité*, était celle de Saint-Martin, qui existait jadis où est maintenant la ruelle Saint-Martin, près et sur la propriété habitée par Mme veuve Leroux. Presque en ruine au commencement du siècle, cette église fut démolie et les matériaux servirent à faire les murs de soutènement des jardins situés au nord de la ruelle. Des tombeaux en calcaire ou en briques et chaux ont été souvent trouvés dans ces jardins.

Saint-Étienne. — L'église Saint-Étienne est aussi très-vieille. Elle se trouvait au XIIe siècle en dehors des murs de la ville et portait le nom de Saint-Étienne-lès-Rennes. « Tout nouvel évêque de Rennes, » avant de faire sa première entrée dans sa ville épiscopale, devait être conduit processionnellement à l'église Saint-Étienne, « es fosbourg de la ville. » Là, à genoux sur un prie-Dieu, il prêtait son serment entre les mains du recteur de la paroisse Saint-Étienne. Ce n'était qu'après cette première formalité que le nouveau prélat se présentait à la porte Mordelaise, et suivait l'ordre des cérémonies de son installation.

Situé à l'angle des Rues-Basses et sur le canal d'Ille-et-Rance, l'église actuelle de Saint-Étienne est une ancienne chapelle du couvent des Augustins. Elle renferme des statues de plâtre, fort belles, de notre concitoyen M. Barré.

Saint-Aubin. — Cette église, également très-vieille, puisqu'elle a été construite du VIIe au XIIe siècle, sans qu'il soit possible de lui donner une date certaine, ne brille pas par la beauté. Elle ressemble assez à une église de village.

En 1634, un sieur Huart de la Noë obtint, en raison de l'exiguité de cette église, l'autorisation d'élever une chapelle à la hauteur du chanceau, du côté de l'Évangile. Les armes de cette famille furent placées sur les vitraux de la chapelle, qui lui servit aussi de sépulture.

M. de la Bigne Villeneuve nous apprend une chose extrêmement curieuse qui se rattache à Saint-Aubin. Au XIVe siècle, paraît-il, les églises paroissiales possédaient des sceaux qu'elles apposaient sur les actes entre particuliers pour leur donner un caractère d'authenticité. En effet, il existe aux archives de la ville de Rennes un testament qui, outre le sceau de l'officialité, est également frappé du sceau de l'église Saint-Aubin.

On voit dans cette église une ancienne image de la Vierge et le baptême du Christ, assez belle toile donnée par le gouvernement en 1844.

Saint-Laurent. — Cette paroisse, qui est maintenant une

succursale de *Notre-Dame,* occupait autrefois le cinquième rang dans l'ordre des préséances, et portait la châsse de Saint Goulven avec le curé de Saint-Georges.

Saint-Laurent se trouve presque à une lieue de Rennes, au nord de la ville.

Toussaints est une ancienne chapelle de Jésuites, du XVIIe siècle. Cette paroisse, qui remonte au XIIIe siècle, a possédé une église immense qui devint la proie des flammes dans la nuit du 11 au 12 frimaire an II. Les soldats du train des équipages de l'armée de Mayenne, qui l'occupaient à ce moment, perdirent tous leurs effets, ainsi que quarante-cinq chevaux qui furent calcinés. Nous avons dit que cette église était immense, et, en effet, elle avait 130 pieds de longueur sur 64 de large de dedans en dedans ; la croix avait 115 pieds de longueur sur 73 de haut. Douze chapelles ornaient les bas-côtés.

Le Toussaints actuel est beaucoup trop petit pour une paroisse aussi populeuse.

Le portail, qui est assez beau, est couronné par deux clochetons ou lanternes octogonales.

Saint-Hellier. — L'on suppose que Saint-Hellier dépendait autrefois de Saint-Georges ; mais depuis 1609, il n'existe plus de doute sur l'existence de cette église comme paroisse.

L'histoire rapporte que le saint de ce nom vivait dans l'île de Jersey vers la fin du VIe siècle. Il y fut tué sur le lieu même où s'élève présentement la ville de Saint-Hellier.

Son corps fut apporté à Rennes en 850 et fut déposé dans l'église qui nous occupe. Plus tard, ses reliques furent transportées à Rouen, lors de l'invasion des Normands.

En 1652, un débat eut lieu entre les paroisses Saint-Hellier et Saint-Germain pour les préséances dans les processions. La Cour du Parlement donna raison à Saint-Hellier, qui possédait une sentence à sa faveur rendue en 1447.

Le clocher de cette église, élevé par M. Rousseau, architecte, est vraiment joli. Les vitraux ont été parfaitement restaurés, et un menuisier du bourg, M. Hérault, a exécuté sur les dessins de M. Langlois une chaire moyen âge qui n'est rien moins qu'un petit chef-d'œuvre.

Saint-Germain. — Cette église, qui est contemporaine de celle de Toussaints, fut menacée de démolition dans l'hiver de 1792. Elle renferma longtemps les débris de la statue équestre en bronze de Louis XIV, qui avait existé sur la place du Palais. C'est une des dernières églises de Rennes rouverte au culte.

Les chapelles méridionales ont été refaites pendant le siècle dernier. Les vitraux sont du xvie siècle. Cette église contient un excellent tableau, *Tobie ensevelissant les morts,* une jolie statue de Gourdel représentant *Sainte Anne* et une statue de *Saint-Roch,* en plâtre, par Molchnet, artiste breton.

L'orgue, qui n'a pas moins de onze mètres, est supporté par des cariatides en bois.

Saint-Sauveur, dont la fondation remonte à 1310, ne fut, dans le principe, qu'une *feillette* de Toussaints. Au XVIIe siècle, l'évêque Ch.-F. de la Vieuville l'érigea en paroisse.

L'incendie de 1720 détruisit entièrement Saint-Sauveur, qui, après ce sinistre, fut relevé tel que nous le voyons aujourd'hui.

En 93 cette église devint le temple de la Raison, et quand elle fut rendue au culte, on y plaça les orgues de l'ancienne abbaye de Saint-Georges, qu'elle a conservées.

Il n'y a de remarquable que la décoration intérieure : un maître-autel surmonté d'un baldaquin reposant sur quatre colonnes de marbre ; une chaire et une grille, magnifique travail de serrurerie ; une bonne copie de la *Transfiguration*, de Raphaël, et le tableau offert par les habitants des rue et place Saint-Michel, représentant la Vierge et l'Enfant Jésus préservant de l'incendie de 1720 le quartier des Lices.

Les Carmes et les Carmélites, dans la rue de Paris, sont deux charmantes petites chapelles de construction toute récente, qui méritent bien la peine d'être visitées.

19° LE SÉMINAIRE, ainsi que nous l'avons dit plus haut, était autrefois rue Saint-Louis, dans les bâtiments de l'Hôpital Militaire actuel ; après cela il vint occuper, à l'entrée de la rue d'Antrain, l'ancien local des Carmélites, où il est encore. L'État, sur ces lieux mêmes, s'occupe de le faire reconstruire, et cet édifice pourra bientôt être rangé parmi les beaux monuments de notre ville.

20° La PRÉFECTURE et la DIVISION sont toutes les deux contour de la Motte. Ces hôtels, bien qu'assez vastes, n'offrent rien de bien curieux. La préfecture, surtout, qui, depuis 1811, occupe l'ancien *hôtel le Cornulier*, n'est vraiment pas digne de loger le premier magistrat du département. Aussi espérons-nous la voir reconstruire prochainement.

21° L'HÔTEL-DE-VILLE, situé sur la place de la Mairie, côté Ouest, a eu pour ancêtre l'école d'artillerie qui, comme nous l'avons déjà dit, avait servi à la Commission intermédiaire des États de Bretagne. Ce bâtiment menaçant ruine vers 1694, fut reconstruit en partie : mais, après l'incendie de 1720, ne le trouvant ni assez imposant ni assez vaste, la ville construisit l'Hôtel-de-Ville actuel, accolé à l'horloge publique et faisant pendant à une autre construction destinée au Présidial.

Cet hôtel a été fait par Gabriel, architecte du roi Louis XV. La Mairie et le Présidial sont reliés par un demi-cintre surmonté d'une tour ronde terminée en dôme et formant un joli ensemble. Au sud se trouvent les bureaux de la Mairie et de la police ; l'on y voit un péristyle orné de hautes colonnes de marbre rouge, et un superbe escalier conduisant à la grande salle des concerts et des réceptions extraordinaires, admirablement restaurée en 1858.

Le Présidial, au Nord, a appartenu au département, qui le céda à la ville en échange de la partie du Palais-de-Justice qui avait été affectée à l'Ecole de droit et dont un décret impérial attribuait la propriété à la ville.

22° LE THÉATRE était autrefois une chose curieuse à Rennes. Il n'y avait que des entreprises particulières qui ne pouvaient jouer sans la permission du Parlement et du gouverneur. Les écoles s'étaient arrogé le droit d'autorisation. Nulle troupe ne pouvait débuter sans avoir, préalablement, rendu hommage au prévôt de l'école de droit, entouré d'un certain nombre de vieux étudiants. Cette cérémonie était de rigueur.

Le Théâtre se tint d'abord dans l'ancien Jeu de Paume — où est maintenant la rue Coëtquen ; puis dans le local du nouveau Jeu de Paume, rue Baudrairie ; puis encore dans les baraques des anciennes pharmacies militaires, — aujourd'hui café du Cirque, — et qui étaient les anciennes serres du jardin de M. de Robien, dit le Petit-Trianon. Mais après la révolution de 1830, une réaction libérale se fit dans le Conseil Municipal, qui décida qu'un théâtre serait construit. En effet, il s'éleva bientôt sur la place couverte d'arbres qui faisait face à l'Hôtel-de-Ville. Sa façade, en demi-rotonde, porte les statues d'Appollon et des neuf Muses. Un incendie a dévoré l'intérieur il y a quelques années. La nouvelle salle est belle et bien décorée.

23° LE PALAIS UNIVERSITAIRE, qui a bien coûté un million, ne répond pas à la dépense que s'est imposée la ville. C'est une œuvre complètement manquée. Commencé en 1849, il a été terminé en 1855. Ce monument renferme l'Académie de Rennes, d'où ressortent les sept départements suivants : l'Ille-et-Vilaine, les Côtes-du-Nord, le Finistère, la Loire-Inférieure, Maine-et-Loire, la Mayenne et le Morbihan. Il contient aussi, outre les facultés de Droit, des Sciences, des Lettres et l'Ecole préparatoire de médecine et de pharmacie, les collections de minéralogie, d'archéologie, de numismatique, et le Musée.

La façade donne sur le quai de l'Université. Au fronton de la porte d'entrée, l'on a représenté la Bretagne avec les attributs des lettres, des sciences et des arts.

24° LE LYCÉE a eu pour origine un prieuré de St-Thomas-de-Villeneuve, qui fut donné à la ville. Les Jésuites vinrent l'occuper en 1586, et les États leur votèrent 3,000 écus par an pour instruire gratuitement la jeunesse. Quand ils furent expulsés (1762), le collége fut de nouveau administré par la ville, et plus tard Napoléon Iᵉʳ en fit un Lycée impérial. Fort beau intérieurement, mais noir et triste à l'extérieur, il vient d'être remplacé par un splendide monument qui établit à jamais la réputation de M. Martenot, architecte de la ville. Cet édifice, style Louis XIII, est bien à l'heure qu'il est ce que Rennes possède de mieux. Sa façade, sur l'avenue de la Gare, ne manque pas d'attirer les regards de l'étranger.

Le Lycée de Rennes, de tous temps, a été renommé par la force de ses études. Au concours général de 1838, établi entre tous les colléges de France, ce fut un élève du collége de Rennes qui remporta le prix de rhétorique.

25º LE COLLÉGE SAINT-VINCENT, faubourg de Fougères, sous le patronage de Msʳ l'Archevêque, acquiert chaque jour une réputation méritée sous tous les rapports.

26º L'ÉCOLE NORMALE D'INSTITUTEURS, en voie de reconstruction dans le faubourg Saint-Malo, sous la direction intelligente de M. Béziers La Fosse, architecte du département, pourra, dans quelque temps, figurer parmi les monuments de Rennes.

27° La Banque de France, rue de la Visitation, occupe l'ancien hôtel Jaillard.

28° La Gare, au sud de la ville, derrière le Champ-de-Mars, est devenue extrêmement importante. Des terrains immenses ont été achetés pour servir de chantiers et d'ateliers de toutes sortes ; seulement le bâtiment principal n'offre rien de remarquable par lui-même.

29° La Maison Centrale, actuellement à l'entrée de la rue Saint-Hellier, sera transférée plus tard derrière la gare, sur le chemin de Châtillon. Les murs de clôture de cette nouvelle construction sont achevés et ont un kilomètre de tour. Ce sera évidemment, de toute la France, l'un des plus vastes et des plus beaux établissements de ce genre. En bon air et sur un des points les plus élevés de Rennes, sa situation est admirable.

30° Halles. — *La Halle aux poissons* est la seule qui mérite une description. Elle est placée au commencement du quai et près la calle de Nemours. Construite en 1846 par M. Boullé, architecte, elle renferme de beaux étaux en marbre noir qui peuvent être nettoyés facilement au moyen d'une pompe qui fournit de l'eau en abondance. De larges ouvertures avec ventilateurs assurent la salubrité de cet établissement. Au centre est une cour où se tiennent les marchandes d'huîtres, de coquillages et de poissons salés ; au sud, une seconde cour est destinée aux marchandes de légumes.

La Halle-aux-Toiles, rue Châlais, renferme la justice de paix, une école mutuelle, un cours gratuit le soir pour les adultes et une école municipale de peinture, de sculpture et de dessin. Cette école a produit des sujets distingués, entre autres MM. Briand et Jourgeon.

La Halle-aux-Blés, place de la Halle-aux-Blés, sert de centre, le samedi, au commerce considérable de grain qui se fait à Rennes.

31º L'Escalier de la Motte fut exécuté sur les dessins de M. Millardet, architecte, et devait servir de fontaine publique. Hélas ! ce travail, qui a coûté 56,000 fr., est resté là comme une protestation de la nécessité d'une étude sur les eaux, étude dont on se préoccupe heureusement aujourd'hui.

32º Fontaine du Champ-Jacquet. — Cette fontaine est

souvent appelée le tombeau du génie. Pourquoi ? Est-ce reproche adressé à l'architecte ? Est-ce plutôt parce qu'un pauvre diable d'acteur, mourant de faim, s'y est précipité ? Nous n'en savons rien. Toujours est-il qu'après l'accident dont nous venons de parler, cette fontaine fut fermée et n'a jamais servi depuis, si ce n'est à gêner, le jour du marché, la circulation sur la place qu'elle occupe.

33º LA PORTE-MORDELAISE, ainsi nommée parce qu'elle conduisait à la paroisse de Mordelles, est encore assez bien conservée. Diverses inscriptions qui se trouvent sur les parements de cette porte font supposer qu'elle fut bâtie au au IIIe siècle. Voici l'une de ces inscriptions romaines qui se lit encore sur une pierre renversée, et à laquelle certains auteurs donnent l'interprétation suivante : « A l'empereur César Antonien Gordien, pieux, heureux, auguste, souverain-pontife, tribun du peuple, consul, offert par les Rhédons. »

Cette dédicace remontait à l'an 238, année de l'avènement de l'empereur Gordien III.

Enfin, cette porte, par où les ducs de Bretagne faisaient leur entrée lorsqu'ils venaient se faire sacrer à Rennes, est curieuse comme souvenir historique et comme spécimen de l'architecture militaire au moyen âge.

C'est près de ce monument que s'élevait jadis le *vieil ostel* de l'oncle et de la tante de Bertrand Duguesclin. C'est là qu'ils l'accueillirent avec tant d'indulgence lorsqu'à treize ans il se sauva de la maison paternelle.

> Quant son ante le vit, si fu moult tourmentée.
> Dame, dist ses mariz, vous estes rassotée
> Il convient, et c'est droit, jeunesse soit passée.

En effet, jeunesse passa, et l'enfant terrible devint un grand homme.

34º ÉDIFICES PARTICULIERS. — L'hôtel de Cuillé, par exemple, qui fut, en 1788, le théâtre de la scène la plus émouvante de nos annales parlementaires ; l'hôtel de Mont-Bourcher où mourut La Chalotais ; l'hôtel de la Rivière, portes Saint-Michel, élevé sur l'emplacement qu'occupait le château ducal, démoli en 1809 ; l'hôtel de France, autrefois celui de la Monnaie. De vieilles maisons qui peuvent offrir à l'archéologue des études charmantes : rues Saint-Michel, Saint-Thomas, Saint-Germain, faubourg d'Antrain, rue Saint-Malo, place des Lices, rue des Dames et rue Saint-Guillaume. Vers le milieu de cette dernière, une ancienne maison en bois est décorée extérieurement, entre le rez-de-chaussée et le premier étage, de scultures gothiques.

35º LE CIMETIÈRE, appelé aussi Berlinguen, est au-delà

du faubourg Saint-Michel. De belles avenues, plantées d'arbres, le divisent en tous sens et permettent d'admirer les nombreux monuments funéraires.

Il existe, à l'entrée, une *chapelle sépulcrale* couronnée d'un dôme supporté par quatre colonnes monolithes en granit. Elle fut élevée en 1830 pour recevoir le corps des personnages illustres que la ville jugerait dignes d'un pareil honneur. Le général baron de Bigaré, mort à Rennes en 1838, seul y a été admis. Cependant plusieurs caveaux ont été pratiqués à cet effet dans le soubassement de la chapelle.

CHAPITRE IV.

MUSÉE. — SOCIÉTÉS SAVANTES.
BIBLIOTHÈQUE.

Aux termes du décret de pluviôse an II, les départements possédèrent les objets d'art provenant de confiscations, et qui se trouvaient épars un peu partout. Il fallut donc les recueillir et leur affecter un local. C'était une charge un peu lourde à une époque où les budgets départementaux étaient à peine réglés; aussi le ministre de l'intérieur, en l'an XIII, attribua-t-il toutes ces richesses aux communes, qui furent chargées de les entretenir. C'est ainsi que la ville de Rennes devint propriétaire d'objets divers d'une valeur, à cette époque, d'environ 300,000 fr., et qui aujourd'hui sont évalués à plus de 2,000,000.

Ces précieuses collections furent d'abord confiées aux

soins de M. Patte, et transportées des cellules humides de Saint-Melaine dans les salles de l'Évêché. Malgré cela, beaucoup de tableaux restèrent encore disséminés chez les principaux fonctionnaires et dans les diverses églises. D'autres, prêtés à des amateurs, ne rentrèrent jamais.

A la chûte de l'Empire, Rennes faillit perdre douze de ses toiles les plus rares que demandèrent les alliés. Heureusement qu'un retard apporté dans l'envoi de ces caisses fut cause que plusieurs d'entre elles nous restèrent sans être réclamées.

En 1815, le maréchal Soult, envoyé en Bretagne comme commissaire extraordinaire, exigea la translation des tableaux du palais épiscopal dans les salles basses du Présidial, où ils furent assez maltraités.

En 1819, ces malheureux tableaux se virent encore délogés et transportés de nouveau dans l'ancienne chapelle annexée par les Jésuites à leur collége.

Enfin, après avoir été nettoyée, restaurée, rentoilée, cette splendide collection forme aujourd'hui l'un des plus riches musées de province. Il occupe plusieurs salles du Palais-Universitaire. Voici la liste des toiles les plus remarquables :

ÉCOLE ITALIENNE.

Jésus descendu de la croix et pleuré par la Vierge, de *Barbieri (Giovanni-Francesco)*, dit *Il Guercino*. — Persée délivrant Andromède, *Paul Véronèse*. Ce superbe tableau a été gravé et faisait jadis partie de la collection du roi : il a été envoyé à Rennes, avec 40 autres toiles environ, par le gouvernement impérial, de 1804 à 1808. — Andromède voit avec effroi s'avancer le monstre qui doit la dévorer; Persée fond du haut des airs pour le combattre. — Le Baptême de Jésus-Christ, *du même*. — Le Martyre de saint Pierre et de saint Paul, grande composition de *Louis Carrache* (Ludovico Carracci). — Deux toiles : une tête de saint Philippe et le Repos en Egypte, d'*Annibal Carrache*. — Le Christ au tombeau, magnifique tableau de *Le Guerchin* (Barbieri). — Le Massacre des Innocents, *du Tintoret* (Jacopo Robusti). — Le Martyre de saint Laurent, de *Luca Giordano*. — Deux Natures mortes, de *Le Maltèse (Francesco)*. — Un joli Paysage représentant un berger jouant de la flûte en gardant son troupeau, par *Lucatelli* (Andréa). Cette école comprend aussi huit tableaux non signés, parmi lesquels se trouve le portrait de César Borgia. Sur le fond du tableau on lit, en grandes lettres de l'époque, *Duca Valentino*, titre qui ne peut appartenir qu'à César Borgia qu'on avait cru reconnaître dans le beau portrait de la galerie Borghèse.

ÉCOLE FLAMANDE, ALLEMANDE ET HOLLANDAISE.

Madeleine repentante, *Philippe de Champaigne*. — Un paysage où l'on voit des bergers et des voyageurs sur un pont, près d'une cascade, *Bent* (Jean-van-Der). — Deux grandes compositions de *Gaspar de Crayer* : La Résurrection de Lazare et une Élévation en Croix. Ce dernier tableau, qui était le fond d'autel d'une église de Jésuites en Belgique, est l'une des plus belles pages de l'école d'Anvers. — Du maître de cette école, *Rubens*, une grande Chasse au lion et au tigre. — L'œuvre la plus remarquable de *Jordaëns* (Jakob) : Un Crucifiement avec plusieurs personnages, tous de grandeur naturelle. — Un ravissant Intérieur, de *David Teniers*. — Un tableau de *Jean Meel*. — Une chasse, de *John Wildens*, élève de Van Dyck. Le Musée du Louvre ne possède rien de lui. — Les portraits d'Eléonore Caligaï, maréchale d'Ancre, et de Charron, poëte français, par *Franz Porbus*. — Les portraits réunis et non achevés du comte d'Arundel et de Charles Ier, par *Van Dyck*. — Les Évangélistes, en trois tableaux, par *Gérard Séghers*. — Repas chez le Pharisien, *Franck* le jeune (Franz). — Une série de Batailles, de Siéges de villes, et de Chasses, *Van der Meulen* et *J.-B. Martin*, son élève. — Un Intérieur d'église, de *Peter Neeffs*. — La Sainte Famille au milieu d'un paysage (école allemande), *Sandrart* (Joachim), tableau d'une immense valeur. — Une petite toile de *Rembrandt* : Jeune fille à laquelle une vieille femme coupe les ongles aux pieds. — Saint Luc faisant le portrait de la Vierge, par *Martin Heemskerk*. C'est peut-être l'œuvre la plus remarquable du Musée de Rennes. Le Louvre ne possède rien de ce maître, dont le vrai nom est *Van Veen*. — Deux charmants paysages de *Wynants*. — Une Forêt de

Frédérick Moucheron. — Un tableau très-important de *Ruytens*. — Une grande composition de *Piéter Woumermans* : Foire dans un village de Hollande. — Un Intérieur d'église, de *Delorme*. Le Musée du Louvre ne possède aucun tableau de ce maître. — Onze belles toiles non signées.

ÉCOLE FRANÇAISE ANCIENNE ET MODERNE.

Un joli tableau représentant Noëmi quittant la terre de Moab pour retourner à Bethléem ; Ruth l'accompagne ; Orpha, son autre belle-fille, renonce à la suivre. Cette œuvre, de l'école française moderne, est d'*Abel de Pujol*, élève de David. — Des Ruines, de *Nicolas Poussin*. — Une Descente de Croix, de *Lebrun*. — La Chananéenne, gracieuse composition de *Louis Boulongne*. — Des tableaux de *Casanova*, de *Noël et Antoine Coypel*, de *De France*. — La Chasse aux Loups, de *Desportes*. — La Présentation de la Vierge au Temple et le Christ en Croix, de *Ferdinand*. — Une foule de tableaux de grands maîtres, tels que *Jouvenet*, *Lesueur*, *Le Nain*, *Mignard*, *Natoire*, *Patel*, *Tournières*, *Verdier*, *Claude Vignon*, etc. — Vingt toiles non signées et un immense tableau représentant les Noces de Cana. On suppose que ce dernier est de *Jean Cousin*. C'est, du reste, avec cette supposition qu'il a été envoyé à Rennes dans les premières années de l'Empire. C'était le fond d'autel de l'église Saint-Gervais, à Paris. Cousin, comme on le sait, demeurait dans cette paroisse et avait même peint les vitraux de l'église. — Cette galerie contient aussi une composition originale : La Mort, peinte par le *roi René*.

DESSINS ET GRAVURES.

Ces collections renferment de charmants dessins de Michel-Ange, des Carrache, de Rubens, de Van Dick, de Jordaëns, du Guide, du Titien, du Corrége, du Dominiquin, etc. L'authenticité est certaine, car cette collection provient du cabinet de M. le marquis de Robien, qui était un connaisseur distingué. Il l'avait rassemblée au moyen de ses relations avec les collectionneurs du temps, et des acquisitions qu'il fit à la vente Crozat.

Les gravures à l'eau forte et au burin, au nombre de 224, ont été extraites d'une collection appartenant à la ville de Rennes, et formée vers la fin du xviiie siècle, toujours par les soins et les connaissances remarquables de M. le président de Robien. Elles font connaître l'histoire de la gravure et la manière des principaux maîtres depuis 1480 jusqu'à la fin du xviiie siècle. Les écoles italienne, allemande, flamande, hollandaise, y sont représentées. De grandes estampes de différents maîtres appartiennent à l'école française du xviiie siècle.

Un cadre collectif renferme les épreuves, dans huit états différents, du portrait du général de La Riboisière et de son fils, gravé d'après Gros, par Henriquel Dupont, membre de l'Institut. Cette série unique, exécutée de 1846 à 1852, par le plus éminent de nos graveurs contemporains, a été donnée à la ville de Rennes par M. le comte de La Riboisière, sénateur, président du Conseil Général d'Ille-et-Vilaine. Elle représente dignement la gravure française au XIXe siècle.

SCULPTURE.

Le Musée de sculpture occupe une galerie du rez-de-chaussée. Il y a des Bronzes de *Coysevox*, de *Frémiet* et de *Barré*. Ce dernier, notre concitoyen, a fait les bustes de deux poëtes bretons : Turquety et Boulay-Paty.

Parmi les Marbres, on remarque le Joueur d'Onchets, de *Dubois* (de Rennes). — Lesbie, statue de *Lanno* (de Rennes). — Quatre Bustes de *Girardin*. — Et un ouvrage florentin en marbre de Carara, également de *Lanno*. C'est une jeune fille caressant un lévrier. Cette œuvre a été donnée au Musée, en 1862, par M. le marquis et Mme la marquise de Piré.

Les Plâtres appartiennent en partie à des artistes bretons. Le sculpteur *Gourdel* (de Châteaugiron) a fait : le Petit

Savoyard, la Petite Fille au chien, Niobé, Toullier, etc.

Viennent ensuite les œuvres de *Chaumont, Lanno,* baron *Marochetti, Suc* et *Toulmouche.*

On y voit aussi une pierre tumulaire en marbre blanc affreusement mutilée ; elle représente en demi-relief la figure couchée et armée de *Jacques Guibé,* capitaine de la milice rennaise, neveu du célèbre Pierre Landais, favori du duc de Bretagne François II. Jadis, ce tombeau se trouvait dans l'une des chapelles de l'ancienne cathédrale.

Enfin, le superbe retable, malheureusement trop mutilé, qui décorait autrefois le maître-autel de l'ancienne cathédrale. C'est un travail allemand du xve siècle, en bois sculpté et doré. Il n'en existe peut-être pas en France de plus curieux et surtout de plus remarquable par sa grandeur, son exécution et la quantité des personnages.

MUSÉE GÉOLOGIQUE.

Ce Musée, fondé en 1853, réunit tous les éléments géologiques qui forment la composition du bassin silurien de l'Ouest et de tous les terrains constituant l'écorce solide du globe.

Il a été enrichi d'une collection précieuse appartenant à son fondateur, M. Rouault, qui en a été nommé directeur. M. Marie Rouault est un habile géologue connu depuis longtemps dans le monde savant par ses nombreuses et intéressantes découvertes.

CABINET D'HISTOIRE NATURELLE.

Dans le même côté que le Musée Géologique se trouvent réunies, au Palais-Universitaire, les collections appartenant à l'École de Médecine et à la Faculté des Sciences, qui possèdent un *beau cabinet d'Histoire Naturelle.*

Sociétés Savantes.

La Société Archéologique a également son Musée au Palais-Universitaire, Les séances ont lieu le second mardi de chaque mois. Tous les ans un bulletin est publié.

Cette société, qui existe depuis plus de vingt ans, a pour président M. de Kerdrel ; pour vice-président M. de la Borderie ; pour trésorier M. Paul de la Bigne Villeneuve ; pour secrétaire M. Philippe-Lavallée ; et pour secrétaire-archiviste M. Quesnet.

Deux séances publiques ont eu lieu, cette année, dans la

salle du Présidial. Des allocutions gracieuses, éloquentes, spirituelles, des causeries scientifiques et intéressantes ont captivé l'attention de nombreux auditeurs. Qu'il nous soit permis d'espérer qu'à l'avenir MM. les membres de la Société Archéologique de Rennes nous feront plus souvent participer à leurs curieuses découvertes.

La Société des Sciences Physiques et Naturelles, sous la présidence de M. André, conseiller à la Cour, tient ses séances à l'Hôtel-de-Ville le 2° jeudi de chaque mois. Un Bulletin annuel est publié.

L'Association Musicale d'Ille-et-Vilaine est due au zèle et aux soins intelligents de son président, M. Louis Foucqueron, avocat.

La *Société Chorale de Rennes* a pour président honoraire M. le Maire de Rennes, et pour président M. Hédou.

Le *Cours public et gratuit de musique vocale*, qui se tient au Présidial, est dirigé par M. Imbert fils, professeur.

Bibliothèque Publique.

Avant 1789 il n'existait pas à Rennes de Bibliothèque. Les avocats seulement avaient songé, en 1733, à en créer une. Le procureur-général de La Chalotais obligeait tout jeune avocat qui prêtait serment à verser 6 livres pour cette Bibliotèque, et fit encore verser 3,000 livres que le parquet avait en caisse. Elle se trouvait alors aux Carmélites, chez M. Arot, membre du barreau.

En 1739, la Bibliothèque des avocats possédait 538 volumes, et en 1744, 1,275. Bientôt après elle reçut des dons particuliers. M. Robin d'Estréans, doyen du Parlement de Bretagne, lui légua, par testament, une somme de 10,000 livres.

Le conseil municipal autorisa, le 20 juin 1758, les avocats à installer leur Bibliothèque au Présidial. Ils firent construire, à leurs frais, l'escalier qui conduit actuellement à la Bibliothèque de la ville.

L'exemple de M. Robin d'Estréans eut des imitateurs : M. de Miniac, mort en 1779, légua aux avocats tous ses livres, cartes et gravures, et une somme de 10,000 fr. Dans la même année, M. Duparc-Poullain leur fit don d'une partie de ses livres, et en 1782 de la totalité de sa Bibliothèque.

Quand le décret de pluviôse an II, dont nous avons déjà parlé en tête de ce chapitre, fut rendu, cette Bibliothèque appartint au district, et tous les livres provenant des bibliothèques des émigrés et des établissements religieux en firent partie. Voici le nombre des ouvrages recueillis dans les divers établissements religieux : des Capucins 4,681, des Jacobins 1,580, des Carmélites, du Calvaire, du Colombier 1,601, des Bénédictins 1,288, des Minimes 787, des Augustins 747, des Dames-Budes 175. En tout, y compris ceux des émigrés, plus de 23,000 volumes.

Après avoir classé ces livres avec soin, ceux qui se trouvèrent en double ou en triple furent distribués au Lycée et au Grand Séminaire. C'est à partir de cette époque que date la véritable création de la Bibliothèque actuelle, qui possède aujourd'hui plus de 50,000 volumes. Elle est ouverte tous les jours de 11 heures à 4 heures. Il est regrettable seulement qu'elle ne le soit pas le soir, ce qui permettrait aux nombreux employés des diverses administrations et aux classes laborieuses de s'instruire facilement. M. de Salvandy, ministre de l'instruction publique, avait du reste, dans le temps, manifesté ce désir. Nous ne doutons pas que sous l'administration éclairée de M. Robinot de Saint-Cyr nous ne voyons prochainement notre vœu se réaliser.

CHAPITRE V.

PROMENADES. -- PLACES. ÉTABLISSEMENTS.

Le Thabor est non-seulement la plus plus jolie promenade de Rennes, mais bien encore la plus jolie promenade que l'on puisse voir.

L'on y entre, depuis 1814, par la place de l'Évêché. Autrefois l'entrée se trouvait dans la ruelle de la Palestine, ce qui était fort incommode. C'est au maire, M. de Lorgeril, que nous devons cette heureuse amélioration.

Après avoir servi de jardin aux moines de l'abbaye de St-Melaine, le Thabor fut transformé en promenade publique pendant la Révolution. C'est là que les bretteurs et les ferrailleurs vidèrent leurs querelles. *L'Enfer et le Paradis,* — c'est-à-dire les deux bassins qui se trouvent de chaque côté de la partie culminante — ont été bien souvent arrosés de sang. Maintenant cette promenade est le rendez-vous des bonnes et des enfants frais et roses qui prennent leurs ébats sur la pelouse, à l'ombre des marronniers.

La position est très élevée et les accidents de terrain sont charmants. Au milieu d'un vaste carré, sillonné d'allées sablées et entouré d'arbres, on aperçoit, sur un piédestal de granit, la *statue de Duguesclin*, érigée en 1825. Un peu plus loin, au milieu d'un fer à cheval, s'élève une humble *colonne* de tuffeau surmontée d'une petite *statue de la liberté*, par Barré. Elle consacre le souvenir de deux Rennais, Vanneau et Papu, élèves de l'école Polytechnique, tués en 1830 dans les journées de Juillet.

Du sommet de la butte on découvre une partie de la ville, la caserne Saint-Georges, Toussaints, le nouveau Lycée, la Gare, les murs de la nouvelle Maison Centrale et le joli clocher à jour de l'église Saint-Hellier. Au loin, Laillé, Bout-de-Lande, Pont-Réan, et plus près, vers l'Est, Chantepie, le château de Cucé, l'asile des aliénés de Saint-Méen et la verte vallée de la Vilaine.

Au haut de l'escalier qui conduit au Jardin des Plantes se dresse un chêne dix fois centenaire qui, dit-on, faisait jadis partie de l'ancienne forêt de Rennes.

Le *Jardin des Plantes*, attenant à la promenade du Thabor, a été remanié de fond en comble depuis 1850, et va être agrandi considérablement et remanié de nouveau. Il possède déjà de splendides serres et un jardin botanique assez curieux. Il y a quelques années, un cours d'horticulture pratique était professé de mars en juin, par le jardinier chef. Il est regrettable qu'au moment où les esprits se reportent volontiers vers l'agriculture et où tout le monde cherche une distraction dans le jardinage, ce cours ait cessé.

Le Jardin des Plantes est ouvert au public tous les jours, depuis midi jusqu'à huit heures en été, et jusqu'à quatre heures en hiver.

Les amateurs et étudiants munis d'une carte délivrée par le jardinier en chef ou le professeur de botanique peuvent y entrer toute la journée, de même que les porteurs d'un permis de la Mairie et les étrangers sur la présentation de leurs passeports.

La Motte, entourée des divers hôtels dont nous avons déjà parlé, est une place ovale plantée circulairement de deux rangs de jeunes ormeaux. Elle aussi a une très-jolie vue sur la vallée de la Vilaine. Telle qu'elle existe présentement, la Motte est plutôt une esplanade qu'une promenade publique. D'un autre côté, elle est beaucoup trop près du Thabor pour attirer l'attention.

A différentes fois l'on a songé à y construire un bâtiment municipal. Il en a été question dans le temps pour le Théâtre d'abord, et ensuite pour le Palais-Universitaire.

Située en face l'hôtel de la Division militaire, les musiques des régiments y jouent le dimanche et le jeudi.

L'avenue de la Gare, large et belle, est chaque soir très-animée par de nombreux promeneurs. De jolis squares embaument l'air et charment la vue.

Le canal d'Ille-et-Rance, souvent désert, est cependant un endroit délicieux. De beaux arbres l'ombragent des deux côtés et forment un berceau de verdure qui décrit de capricieux zigzags. Les lavandières des rues Basses bavardent en lavant leur linge dans l'ancienne rivière d'Ille, et quelque rêveurs viennent méditer sur les bans de cette promenade.

Le Mail.

Lieux chéris de mon cœur ! beau *Mail*, entouré d'eaux,
Dont se perdent au loin les trois jolis arceaux,
Mon beau *Mail*, où souvent l'hiver, quand de ta glace
Les légers patineurs effleuraient la surface,
Elle venait sourire à leurs jeux gracieux,
Et m'échauffait le cœur d'un rayon de ses yeux !

BOULAY-PATY.

Hélas ! depuis l'époque où le poëte breton a chanté son beau *Mail,* bien des changements ont été faits. Cette promenade sert aujourd'hui de route impériale, et les deux canaux qui baignaient cette avenue dans toute sa longueur viennent d'être comblés, et à leur place s'élèvent des matériaux de toutes sortes, des débris et des vidanges. Toutes choses fort peu agréables à l'œil. Nous regrettons vivement que la municipalité permette cela.

Plus loin, les buttes Saint-Cyr, qui étaient un ravissant jardin anglais naturel, ont été nivelées, elles aussi, pour servir de chantiers et d'usines. L'industrie s'empare de tout et elle fait bien ; mais l'artiste et le poëte regrettent et pleurent les lieux chéris où s'écoula leur enfance et qui furent témoins de leurs jeux, de leurs rêves, de leur bonheur !

PLACES. — Il n'existe à Rennes que trois grandes places : la place du Palais, la place de l'Hôtel-de-Ville ou de la Mairie, et la place des Lices.

La place du Palais, dont nous avons déjà plusieurs fois entretenu le lecteur, comprend un vaste carré un peu incliné au Midi. Le Palais-de-Justice occupe tout le haut, c'est-à-dire le Nord, et les trois autres côtés sont formés d'élégantes maisons décorées de pilastres corinthiens. Les rues Saint-François, Louis-Philippe, Saint-Georges, de Bourbon, de Brilhac, Impériale y aboutissent.

Les places de la Mairie et de la Comédie n'en forment pour ainsi dire qu'une, qui est partagée par l'axe des rues d'Estrée et d'Orléans. Au Nord et au Sud, de beaux magasins ; à l'Ouest, l'Hôtel-de-Ville, et à l'Est le Théâtre.

Les Lices, nouvellement arrangées et débarrassées des

affreuses baraques qui choquaient la vue, sont aujourd'hui très-belles. Il est question d'y tranférer la halle à la viande de la place Sainte-Anne.

Il y a bien encore cette place Sainte-Anne, sur laquelle est actuellement une halle à la viande ; la place du Champ-Jacquet, où le samedi se tient le marché aux fleurs ; la place de la Halle-aux-Blés, et une foule d'autres petites places ou placis, mais qui ne méritent vraiment pas une description.

ÉTABLISSEMENTS. — *Grand Hôtel*, rue de la Monnaie, 17, Rennes, sans contredit le plus bel hôtel de la ville et le plus confortable ; grands et petits appartements avec salons. Salons de lecture. — Journaux français et étrangers. Les Omnibus de l'hôtel attendent les voyageurs à tous les trains.

L'École d'Agriculture, aux Trois-Croix, est dirigée par MM. Bodin père et fils. Il y a des élèves boursiers et des pensionnaires. L'on y fabrique des instruments aratoires. Il y existe en outre une scierie mécanique, une menuiserie agricole, une fromagerie et une minoterie.

Maisons d'éducation autres que le Licée, l'Institution St-Vincent et l'École Normale :

1° Pour les garçons : l'école municipale primaire de la Halle-aux-Toiles ; l'école municipale primaire des Lices ;

l'école municipale des Frères, rues d'Échange, Saint-Melaine, des Carmes et murs Kergus.

Le pensionnat Saint-Martin, rue d'Antrain ; L'Institution Rouxel, rue Saint-Malo ; les Frères Lamenais, le Pensionnat du Thabor, et l'école de M. et Mme Lecohic, rue de Montfort.

2° Pour les jeunes filles : Le cours normal des institutrices du département, rue d'Isly ; le Pensionnat des Dames de l'Adoration, rue d'Antrain (remarquable par la force des études et la distinction des pensionnaires) ; l'Externat des demoiselles Nugues, rue Saint-François ; les Dames du Sacré-Cœur, route de Brest ; les Dames de la Visitation, douve de la Visitation ; les Dames de la Retraite, rue Saint-Hellier ; les Sœurs de la Providence, Pensionnat faubourg de Paris, externat et écoles gratuites, rue de Bel-Air et St-Malo ; les Sœurs de la Sagesse, rue du Manége ; les Sœurs de la Charité, rue du Griffon ; Mlles Mauduit, rue du Champ-Jacquet ; Mlle Morault, place de la Trinité ; Mlle Gautrot, place Tronjolly ; Mlle Lebreton, rue du Pré-Perché ; Mlle Roussan, place Sainte-Anne ; Mlle Pinel, place du Calvaire ; Mlle Taillaut, rue Descartes ; Mme Barrère, même rue.

Ecole d'équitation, rue de Viarmes.

Maîtres d'escrime, rue Descartes ; rue Vasselot, 19 ; rue du Pré-Perché, 19.

Maîtres de tir, rue Nantaise 6, et au chantier du Mail.

Établissements de bains. L'Hydrothérapie, rue du Parc-Poullain, établissement remarquable par le confortable. Bains de toutes sortes. La Renaissance, rue des Violiers, qui doit être transférée au-delà du pont, avenue de la Gare. dans un superbe bâtiment qui est en construction ; les bains du Champ-de-Mars, boulevard de l'Impératrice, 4.

Journaux. — Le *Journal d'Ille-et-Vilaine*, rue Impériale, 8 ; le *Journal de Rennes*, rue du Champ-Jacquet, 25 ; le *Conteur Breton*, place de la Mairie ; le *Bulletin de la Cour Impériale* et le *Journal d'Agriculture*, rue Impériale, 8 ; la *Semaine Religieuse*, rue du Champ-Jacquet, 25, et rue Saint-François ; *L'Abeille, journal des Dentistes*, rue de l'Hermine.

CHAPITRE VI.

ENVIRONS DE RENNES.

Il faut aller à une certaine distance de Rennes pour rencontrer quelques accidents de terrain, quelques sites agréables, des rochers et une nature vraiment agreste. Ce n'est qu'à quelques lieues que l'on retrouve le cachet de notre Bretagne, de ce pays que l'on aime tant quand on le connaît bien et surtout quand on lui doit le jour, de cette chère Bretagne « avec son sol de pierre et ses longs cheveux. »

La promenade qui offre le plus d'attraits aux yeux de l'habitant de Rennes, c'est la *Prévalaye*, d'abord parce qu'elle n'est qu'à trois kilomètres de la ville, qu'ensuite on peut y aller par le chemin de halage le long de la Vilaine, qu'une fois rendu on y trouve de l'ombrage et de la fraîcheur pendant les plus chaudes journées d'été, et qu'enfin elle rappelle plusieurs souvenirs historiques.

Les étrangers l'affectionnent aussi tout particulièrement, parce que, sous ces grand arbres pleins de murmures et de chants, ils oublient leurs fatigues, les ennuis des voyages et le bruit du chemin de fer. C'est une verte oasis qu'il est doux de trouver pour goûter un instant de repos.

En suivant le halage, comme nous l'avons dit, après avoir passé sous le viaduc du chemin de fer de Saint-Malo, on aperçoit, au confluent de l'Ille, une minoterie appelée le *Moulin du Comte* : plus loin, des entrepôts de noirs, plus loin encore, à gauche, un petit village et quelques campagnes entourées de haies vives et de prairies émaillées de fleurs.

Enfin l'on arrive à la Prévalaye. Une large avenue plantée de tous jeunes arbres conduit à une seconde allée de vieux châtaigniers. Au bout de cette allée est une vaste pelouse formant un carrefour d'où rayonnent plusieurs autres avenues longues et belles. A l'Ouest du carrefour se trouve le manoir, d'assez chétive apparence. C'est un seul corps de logis, avec un toit rapide et une tourelle hexagone au milieu de la façade.

Une ferme est attenante à l'habitation. C'est elle qui, grâce à ses riches pâturages, produit ce fameux beurre de la Prévalaye qui a donné son nom à tous les beurres du pays.

La Prévalaye est une ancienne seigneurie du comté de Rennes. Lorsqu'Henri IV vint en Bretagne, il y chassa deux jours, les 11 et 15 mai 1598. Les fermiers font voir la chambre et le lit où il coucha.

C'est aussi dans l'une des salles de ce château que les chefs des armées royalistes se concertèrent et tinrent leurs séances pour la pacification de 1795.

Pour ne pas revenir par le même chemin, l'on prend l'avenue qui mène à la ferme de Saint-Foix, près de laquelle se trouve le vieux chêne, aux trois quarts mort, où le Béarnais assista aux joutes et danses bretonnes exécutées par les villageois à l'un de ses retours de chasse.

Tout à côté de ce chêne, l'on voit aussi un jeune ormeau, entouré d'épines, et qui fut planté par la Dauphine, en 1827.

A peu près à la même distance que la Prévalaye, il existe encore aux environs de Rennes quelques jolis endroits qu'on visite avec plaisir. Ainsi *Brequigny*, sur la route de Nantes, est une fort jolie campagne appartenant à la famille des Nétumières. Elle est là dans une vallée, avec d'immenses prairies et de magnifiques avenues qui l'entourent de toutes parts.

Sur la même route, à 12 kilomètres de Rennes, la *mine de plomb argentifère de Pont-Péan*, dans la commune de Bruz, est très-importante. Exploitée par actions, elle occupe un nombre assez considérable d'ouvriers et principalement de Bas-Bretons.

Au Nord du faubourg de Paris, entre Cesson et Saint-Laurent, les *Buttes-de-Coësmes* sont aussi fort agréables. Ce sont d'anciennes carrières abandonnées, pleines d'eau au jourd'hui, et autour desquelles — sur les monticules des terres extraites des carrières — les buissons, les herbes, les fleurs, les arbres forment un dédale et un labyrinthe de petits sentiers charmants à parcourir.

La *Mi-Forêt*, sur la route de Fougères, a bien aussi son charme. A un rond-point de la Forêt de Rennes, — rendue célèbre par notre compatriote Paul Féval, — une assez bonne auberge permet aux voyageurs affamés par de longues promenades de se sustenter convenablement. Un jardin et des jeux de toutes sortes attirent chaque dimanche de nombreuses familles.

Maintenant, si nous voulons des sites presqu'aussi beaux que les paysages de la Suisse, allons à *Pont-Réan*, ou mieux encore prenons le chemin de fer de Redon, et allons jusqu'à *Bourg-des-Comptes*. C'est le plus joli panorama qu'on puisse voir. A chaque instant l'on côtoie la rivière, et de ravissants tableaux se présentent à nos yeux. Ici, c'est un petit moulin dont la roue tourne et fait écumer l'eau ; à côté, des canards barbottent, et sur le seuil de la chaumière du meunier une bande de marmots regardent passer le train ou se roulent par terre. Là, sur le haut d'un coteau aride, un ami de la solitude a fait construire une petite maison qui domine tout le pays. Partout des rochers couverts de bruyères fleuries, d'ajoncs dorés, de houx épineux, de longues fougères au feuillage ornemental, ou bien des coteaux alpestres avec des villas gracieuses, parmi lesquelles la plus digne de remarque est celle de M. Goubert, ancien inspecteur des postes. Chaque fois que je suis passé devant, les vers de la jeune muse bretonne qui a chanté cet Eden me sont revenus en mémoire :

> Dans mes rêves charmés je revois ton ombrage,
> Bosquet fleuri, créé dans le flanc d'un rocher,
> Et qui semble vouloir admirer ton image
> Dans les eaux du flot qui vient te rechercher.
>
> Devant toi, protecteurs de ta grâce charmante,
> Se dressent menaçants mille blocs de granit,
> Défenseurs avancés, défiant la tourmente
> De disperser jamais la mousse de ton nid.

C'est aussi un poëte qui habite ce nid.

Bourg-des-Comptes lui-même est plein de curiosités : Le jardin du château du Boschet, appartenant à la famille de Mgr Saint-Marc, archevêque de Rennes, a été dessiné par ce fameux jardinier *Le Nôtre*, qui a dessiné Versailles. Le château actuel, élevé sous Louis XIV, est au bord de la Vilaine, dans une vallée extrêmement pittoresque.

Les vieilles ruines du château de la Réauté rappellent de vieux souvenirs. Sous la ligue, le duc de Mercœur menaça d'en faire le siége ; mais le gouverneur de Rennes, M. Montbarot le sauva en renforçant la garnison. Maintenant, la Réauté n'est plus qu'un village, avec une maison de campagne devenue la propriété de M. Laumailler, notaire.

L'église de Bourg-des-Comptes est l'un des plus jolis édifices gothiques du département. La flèche découpée s'aperçoit à une distance prodigieuse. C'est au zèle, aux instances, et surtout à l'active coopération de la famille de Mgr Saint-Marc, que l'on doit cette église.

Il reste encore à visiter les magnifiques jardins de M. Goizon, mais nous n'en finirions pas si nous voulions énumérer tout ce qu'on peut voir à Bourg-des-Comptes et dans les environs.

A Pont-Réan, dont nous parlions tout-à-l'heure, se trouve des minerais de zinc sulfuré et des carrières de schiste rougeâtre servant de pierre à bâtir. Sur une hauteur, le moulin à vent de *Bagatz* domine toutes les collines environnantes, et l'on aperçoit un horizon immense.

La Roche-aux-Fées est située dans la commune d'*Essé*, à 28 kilomètres de Rennes. L'on s'y rend par Chantepie, Châteaugiron, Piré, le village de la Chapelle, le moulin de Flouré et la métairie du Rouvray.

C'est un monument druidique, qui n'a son pareil en France qu'à Bagneux, près Saumur, où, chose étrange, il porte le même nom de Roche-aux-Fées.

Le dolmen d'Essé, — désigné sous le nom d'allée couverte par les antiquitaires, — faisait jadis partie de la forêt du Theil, et était consacré au dieu gaulois *Esus*. De là, le nom de la paroisse d'Essé, si l'on en croit les archéologues.

Que de malheureuses victimes ont dû arroser de leur sang cette terre, malgré cela restée stérile ! Tout dans les environs le fait supposer : à peu de distance est un cours d'eau qui porte le nom de Ruisseau-du-Sang, et dans le lit duquel on remarque aussi des pierres druidiques. A la ferme voisine, on montre une espèce d'auge en pierre, trouvée près du dolmen, qui sert aujourd'hui à abreuver les chevaux.

Les blocs gigantesques de schiste rougeâtre, formant ce temple, proviennent de la lande de *Belle-Marie*, située à 5 kilomètres de la Roche. Comment nos ancêtres, qui n'avaient aucun des instruments que nous possédons aujourd'hui, ont-ils pu les transporter, lorsqu'avec tous nos moyens nous le pourrions à peine ? Voilà ce que nous ne saurions dire et la réflexion que chacun se fait.

Ces pierres, bizarrement fichées en terre de manière à former une avenue et des compartiments, sont assez difficiles à compter. Cependant il y en a 43 paraît-il. Les naïfs habitants du pays, qui attribuent cette construction à l'esprit malin, se figurent encore que le *Vieux Jérôme*, comme ils l'appellent, joue des tours aux curieux qui s'amusent à les compter, et qui en trouvent tantôt 42, tantôt 43 ou même 45, sans jamais trouver deux fois de suite le même nombre. « Vous auriez beau compter toute votre vie, disent-ils, vous ne trouverez jamais la même chose. Faut pas jouer avec le diable, voyez-vous, on perd toujours ! »

Voici la description de ce spécimen d'architecture des premiers habitants de l'Armorique : Il a plus de 18 mètres de longueur et se divise intérieurement en deux pièces dont la plus petite sert pour ainsi dire d'antichambre à l'autre. La première a 4 mètres 40 de longueur sur 2 mètres 50 cent. de largeur : elle est ouverte au Sud-Est. Une porte permet d'entrer dans la seconde salle, longue d'environ 14 mètres et plus large que la première. Cette pièce renferme trois grandes pierres formant saillie en la divisant en quatre compartiments. Le fond est fermé d'un seul bloc, sur lequel un triangle est sculpté en relief. Les pierres fichées en terre et formant les parois ont plus de 2 mètres de hauteur et sont recouvertes par neuf énormes blocs reposant sur leurs extrémités en manière de toit. Quelques-uns de ces blocs ont près de 2 mètres d'épaisseur ; l'un d'eux n'a pas moins de 6 mètres de longueur. La hauteur intérieure du monument est d'environ 2 mètres et 3 mètres 90 centimètres à l'extérieur.

Plusieurs de ces pierres semblent suspendues dans l'espace, car les informes piliers qui les supportent se terminent quelquefois en pointe. On ne comprend pas comment de pareilles masses peuvent demeurer en équilibre sur des appuis chancelants, à peine enfoncés en terre, et qui ne tiennent debout assurément que par l'énorme poids qu'ils supportent.

En pénétrant sous cette voûte, il semble toujours qu'elle va s'écrouler sur vous. En marchant sur le dessus de l'édifice, l'on fait osciller deux de ces pierres sans parvenir à déplacer d'une ligne leur équilibre parfait.

Çà et là, dans divers champs, se trouvent des blocs de

pierres de même nature, les uns debout, les autres renversés. Qu'est-ce que cela signifie? Je n'en sais rien encore ; mais voici la légende :

Les fées, pour construire leur demeure, apportaient chacune trois pierres, une sous chaque bras et une troisième sur la tête. Si l'une de ces pierres venait à leur échapper, c'en était fait d'elles, une puissance irrésistible les empêchait de la relever. La malheureuse fée à laquelle était arrivé ce malheur devait recommencer le voyage.

Le *château des Rochers*, ancienne demeure de Mme de Sévigné, est à la limite Sud-Est de la commune de Vitré, tout près de la Vilaine, sur le chemin vicinal d'Argentré.

La famille des Nétumières, qui le possède aujourd'hui, y conserve avec un soin particulier tout ce qui peut rappeler le souvenir de l'illustre marquise.

Une tour gothique, placée à l'angle de deux bâtiments plus modernes, s'élève avec grâce. Ce château est fort bien entretenu, et à part quelques modifications à peu près insignifiantes, il est aujourd'hui ce qu'il était à l'époque où Mme de Sévigné y écrivait ses lettres immortelles. C'est là, le 31 mai 1671, qu'elle écrivait à sa fille sous l'empire de la douleur que lui causait son éloignement : « Enfin, ma fille, me voici dans ces pauvres *Rochers* : peut-on revoir ces allées, ces devises, ce petit cabinet, ces bois, cette chambre, sans mourir de tristesse ! »

Un salon d'apparat contient plusieurs portraits de famille bien curieux du XVIIe siècle : Le marquis de Sévigné ; — la marquise, coiffée à la grecque, très-décolletée, avec un manteau jeté sur les épaules. Cette toile, fort belle, est attribuée à Mignard ; — Charles de Sévigné, leur fils ; — Françoise-Marguerite de Sévigné, comtesse de Grignan, leur fille ; — Christophe de la Tour de Coulanges, abbé de Livry ; — Mme de Coulanges ; — la marquise de Lambert, née de Larlan, veuve du marquis de Locmaria (lieutenant-général qui divertissait tant Mme de Sévigné en dansant ses passepieds) ; — Charles-Albert d'Ailly, duc de Chaulnes, gouverneur de Bretagne en 1670.

Tout près du petit cabinet où étaient les livres de Mme de Sévigné et où elle écrivait ses lettres se trouve sa chambre, où l'on voit encore les portraits suivants :

Le baron de Chantal ; — sainte Chantal, aïeule materternelle de Mme de Sévigné, fondatrice, avec saint François de Sale, de l'Ordre de la Visitation ; — M. de Coulanges ; — Mme de Coulanges ; — Pauline de Grignan, marquise de Simiane ; — Mme de La Fayette ; — Mme de Créquy, princesse de Tarente ; — comtesse de Bréhanlt ; le président de Larlan ; — Jacques Troussier, marquis de Pommenars (le même qui, poursuivi comme faux-monnayeur et acquitté, paya les frais de son procès en fausses espèces).

Une salle à manger renferme aussi les portraits de la famille des Nétumières.

On montre des ustensiles de toilette ayant servi à Mme de Sévigné ; de même que dans le jardin les allées portent toujours les noms qu'elle leur avait donnés : Le Mail, — la Solitaire, — l'Infini, — l'Écho de la place de Coulanges, —

et la place *Madame*, où étaient ses *promenoirs*. Une large grille ferme l'entrée de ces jardins ;

Cette propriété, après avoir appartenu, en 1410, à Guillaume de Sévigné, chambellan du duc Jean V, passa, en 1714, à M. Hay des Nétumières comme époux de Marie-Rose de Larlan.

L'arrondissement de Montfort ne le cède à aucun autre pour les souvenirs et les curiosités. De belles forêts le couvrent en partie. Dans l'une d'elles, près de Montfort, on admire un chêne d'une extrême grosseur. Il mesure 40 pieds de circonférence au moins, avec une hauteur proportionnée. Il est appelé le *Chêne-aux-vendeurs*, parce que c'était sous son ombrage que se faisaient autrefois les adjudications de coupes de bois de la forêt. Des actes authentiques font mention de cet arbre il y a plus de six siècles.

CHAPITRE VII.

RENSEIGNEMENTS DIVERS. -- INDUSTRIE.

Le département d'Ille-et-Vilaine est un département maritime, puisqu'il est limité au Nord par la Manche. Il possède une chaîne de collines assez élevées pour donner naissance à de nombreux cours d'eau et à deux bassins.

Le fond du sol est une masse granitique recouverte de schiste et de filons de quartz. Presque partout la terre végétale n'a que quelques pouces d'épaisseur.

Les rivières principales sont la Vilaine, l'Ille, le Meu, la Seiche, le Cher et le Don, la Rance et le Limon, le Couesnon et le Nanson. Il y a aussi le canal d'Ille-et-Rance et une quantité trop considérable d'étangs pour être cités.

Les landes couvrent encore une grande partie du département ; mais elles diminuent cependant chaque jour.

L'atmosphère y est humide par suite du voisinage de deux mers qui occasionnent des pluies fréquentes et des brouillards épais.

Le climat est tempéré. De nombreux marais causent, chaque année, des fièvres et des dyssenteries. Les maladies de poitrine y sont aussi malheureusement trop répandues.

Les animaux sont généralement beaux. Les chevaux sont durs à la fatigue et recherchés pour l'artillerie. L'arrondissement de Fougères en possède de plus fins que les autres arrondissements, et qui peuvent servir à la cavalerie légère. Une partie de l'arrondissement de Redon fournit une toute petite espèce, appelée chevaux de Guichen ou *Charbonniers*. Ils sont employés aux labours.

Les bœufs et vaches sont petits, mais excellents et jolis de formes. Les moutons sont également très-petits, mais malgré cela, très-estimés ; seulement, ils diminuent chaque jour davantage par suite du défrichement des landes.

Le pays est fécond en gibier de toutes sortes, et la mer, les rivières et les étangs fournissent du poisson en abandance.

Outre la mine d'argent de Pont-Péan, il existe des mines de fer argileux, des mines de houille, des tourbières, etc. On exploite aussi des carrières de marbre, de granit, d'ardoise, de grès à paver, de tripoli, de terre à crayon, d'argile, de schistes, etc.

Il y a plusieurs sources ferrugineuses froides. Les plus fréquentées sont celles de Guichen et de Saint-Servan.

Les beaux chênes de nos immenses forêts servent à la marine, et les nombreux châtaigniers, hêtres ou cormiers sont employés au chauffage ou à diverses industries.

La propriété est extrêmement divisée et les fermes importantes sont rares.

Le froment ne réussit que médiocrement, tandis que le seigle, l'orge, l'avoine, le blé-noir et les pommes de terre prospèrent.

Parmi les arbres à fruits, celui qui est cultivé avec le plus de succès est sans contredit le pommier. Le cidre est sain, agréable, nutritif, et se conserve assez longtemps.

La châtaigne est une précieuse ressource pour le paysan. La qualité du beurre est incontestable. Les poulardes de Janzé sont connues de la France entière. Les huîtres de Cancale ne laissent rien à désirer. L'agriculture et l'apiculture sont en progrès.

Peu de contrées, devons-nous le reconnaître, sont aussi fécondes et aussi privilégiées que la nôtre !

FIN.

TABLE DES MATIÈRES

Chapitre I : Situation. — Aspect général. 5

Chapitre II : Aperçu historique 11

Chapitre III : Monuments. 23

Chapitre IV : Musée. — Sociétés Savantes. — Bibliothèque. 59

Chapitre V : Promenades. — Places. — Établissements 73

Chapitre VI : Environs de Rennes 83

Chapitre VII : Renseignements divers. — Industrie. 95

LIBRAIRIE GÉNÉRALE
Ancienne et moderne.

VERDIER
5, RUE MOTTE-FABLET
RENNES.

Livres de littérature ancienne et moderne, de sciences, de droit, de médecine, etc.

Livres classiques à l'usage des classes primaires et secondaires, ainsi que ceux pour l'étude des langues vivantes.

Paroissiens et livres de piété en tous genres.

Papeterie et fournitures de bureau.

Achat et vente de vieux livres.

ABONNEMENTS AUX JOURNAUX.

ATELIER DE RELIURE.

www.ingramcontent.com/pod-product-compliance
Lightning Source LLC
Chambersburg PA
CBHW070259100426
42743CB00011B/2270